基礎マスターシリーズ

シーケンス制御の基礎マスター

堀 桂太郎 監修
田中 伸幸 著

電気書院

[本書の正誤に関するお問い合せ方法は,最終ページをご覧ください]

監修者まえがき

　電気・電子工学を学びたい方々，または学ぶ必要のある方々の数は，年々増加しています．一方，私自身の学生時代を振り返ってみると，今ではさほど難しいと思わない事項であっても，当時は努力の甲斐無くさっぱり理解できなかったことなどが思い出されます．解っている人は，その人にとって当然の事柄であればあるほど，その事柄を質問者に説明する必要があることに気が付かないものです．

　このような思いから，初心者の方々の立場に立った基礎マスターシリーズの発行に取り組みました．執筆陣は，工業高校などにおいて，永きに渡り電気・電子の教育実践を行ってきた技術指導のプロフェッショナルです．加えて，技術教育について熱い情熱を持っておられる方々ばかりです．その中で，本書の執筆を担当された田中伸幸先生は，確かな専門的知識と教育力を兼ね備えた希有な人材です．読者の方々は，本書を活用することによって，田中先生が行うわかりやすいシーケンス制御の授業を受けるのと同等の感覚で学習を進めることができるでしょう．

　私は，執筆者のケアレスミスなどによる誤記を取り除くために，細心の注意を払いながら点検作業を進めました．しかし，監修者の力量不足のために，不完全な箇所も少なからず残っていることでしょう．これについては，皆様のご叱責によって，機会あるごとに修正するように努力致す所存です．本シリーズが，読者の皆様の目標を達成するための一助となることを願ってやみません．

　最後になりましたが，本書を出版するにあたり，シリーズの企画を積極的に取り上げて頂いた田中久米四郎社長をはじめとする電気書院の皆様に厚く御礼申し上げます．特に，足繁く研究室に通って頂いた田中建三郎部長，編集にご尽力を頂いた出版部の久保田勝信氏に心から感謝致します．

2009 年 3 月

国立明石工業高等専門学校
電気情報工学科　堀　桂太郎

著者まえがき

　本書は，はじめてシーケンス制御を学ぼうとする学生や，初心者の方々を対象にした解説書です．はじめてシーケンス制御ということばを耳にすると，とても難しいもの，あるいは日常生活とかけ離れたものと受け取りがちです．ところが，私たちのまわりを見わたすと，シーケンス制御で動いている装置がたくさんあります．シーケンス制御は，私たちの暮らしに便利さと，安心をもたらせてくれます．
　そこで本書では，次のような点に心がけました．
・できるだけ多くの図と写真を用いて理解を助けるようにしました．
・イラストを用いて，楽しく退屈しないで学習できるようにしました．
・解説はできるかぎり具体的に，わかりやすい説明を心がけました．
　シーケンス制御は，私たちの暮らしを支える縁の下の力持ちのような存在です．普段，意識しないからこそむつかしく感じると思いますが，読み進むにつれ段々と，そのなぞが解けていくように心がけました．
　何か新しいことを学ぼうとするとき，私たちは入門書を手にすることからはじめます．そして読み進めるわけですが，どこかで迷路にはいり込み，途中で挫折した経験を多くの人がもっていると思います．今回の基礎マスターシリーズの名のとおり，しっかりした土台を作ってもらうことに重点を置きました．微力ながら，本書が皆様のシーケンス制御学習の出発点になることができましたら，光栄の至りです．
　最後になりましたが，本書の監修にあたり多大なご苦労をいただきました堀桂太郎先生，編集でお世話になりました電気書院の久保田勝信氏ほかの皆々様に，この場を借りまして心より感謝申し上げます．

2009 年 3 月

兵庫県立兵庫工業高等学校
電子工学科
田中　伸幸

シーケンス制御の基礎マスター 目次

第1章 シーケンス制御入門

- 1-1 シーケンス制御とは …………………………………… 2
- 1-2 暮らしの中のシーケンス制御 ………………………… 6
- 1-3 電気の基礎知識 ………………………………………… 15
  - ●章末問題 ………………………………………………… 24

第2章 シーケンス制御を構成する機器

- 2-1 スイッチの働き ………………………………………… 26
- 2-2 リレーの働き …………………………………………… 37
- 2-3 タイマの働き …………………………………………… 50
- 2-4 センサを使ったスイッチの働き ……………………… 59
- 2-5 その他の機器とアクチュエータ ……………………… 72
  - ●章末問題 ………………………………………………… 79

第3章 シーケンス制御の基本回路と応用

- 3-1 基本論理回路 …………………………………………… 82
- 3-2 論理回路の実現方法 …………………………………… 90
- 3-3 基本制御回路 …………………………………………… 93
- 3-4 基本制御回路の応用 …………………………………… 104
  - ●章末問題 ………………………………………………… 121

第4章 シーケンス制御の具体例

- 4-1 制御の流れを理解する …………………… 124
- 4-2 バスの降車ボタン回路 …………………… 127
- 4-3 信号機 ……………………………………… 131
- 4-4 判定装置 …………………………………… 134
- 4-5 裁断機 ……………………………………… 139
- 4-6 自動給水装置 ……………………………… 145
- 4-7 給湯器 ……………………………………… 149
- 4-8 エレベータ ………………………………… 154
- 4-9 自動ドア …………………………………… 160
- ●章末問題 ……………………………………… 165

第5章 発展したシーケンス制御

- 5-1 プログラマブルコントローラとは ……… 168
- 5-2 PLCのプログラミング …………………… 174
- 5-3 SFCプログラム …………………………… 182
- 5-4 PLCによるロボットの制御例 …………… 190
- 5-5 PLCの進んだ機能 ………………………… 195
- ●章末問題 ……………………………………… 199

章末問題の解答 …………………………………… 201
参考文献 …………………………………………… 209
索引 ………………………………………………… 211

第1章 シーケンス制御入門

　この章では，これからシーケンス制御を学習していく上で必要になる基礎知識について解説します．シーケンス制御とは一体どのようなものなのか，といったことから始めていきます．そして日常生活の中から，シーケンス制御が利用されている例を探しながら，シーケンス制御の構成を理解しましょう．さらに，これから学習を深めていく上で知っておきたい，電気の基礎知識についても説明します．

1-1 シーケンス制御とは

(1) 制御とは何か

　制御という言葉を調べてみると，「機械や設備が目的どおり作動するように操作すること（広辞苑より）」と，あります．また英語ではコントロール（control）となります．また，制御をする人や装置はコントローラ（controller）となります．

　制御というと，なじみの少ない言葉ですが，コントロールやコントローラとなると，暮らしの中で無意識に使っているのではないでしょうか．例えば，テレビを見るとき，私たちはリモコンで電源を入れたり切ったりします．また，チャンネルを変えるときも，リモコンを使っています．

　リモコンとは，リモートコントローラ（remote controller）のことで，日本語では遠隔制御装置となります．テレビ以外にも，ビデオ，オーディオ装置などにもリモコンが付いている時代になっています．

　私たちがリモコンを使って行っていることは，ボタンを押すことで制御される側の装置を自分の思いどおりに動かしているわけです．日常生活の中で，当たり前に行っていることですが，これも制御のひとつです．

　私たちは，より便利で快適な暮らしを求めています．シーケンス制御は目に見えないところで，暮らしに役立っています．

(2) 制御のいろいろ

　制御とは，簡単にいうと，思いどお

りに機械や装置を動かすことです．そこで，私たちが機械にしてもらっていることを考えてみましょう．

私たちがテレビ番組を録画したいとき，図 1-1 のような HDD レコーダを使います．しかし，手動で，録画ボタンを押し番組が終了するまで待って停止ボタンを押す人が何人いるでしょうか．これではせっかくの HDD レコーダの便利さが半減してしまいます．

そこで，HDD レコーダには時計が内蔵されており，あらかじめ録画したい番組の開始時刻と，終了時刻を設定しておくと自動的に録画が開始され，終了時刻になると自動的に停止する機能が付いています．これは留守番録画機能とか，プログラム録画機能と呼ばれます．この機能のおかげで，私たちは仕事や遊びで留守をしても，録画した番組を好きな時間に楽しむことができます．

さらに，大好きなテレビ番組やゲームを楽しむとき，部屋が暑かったり寒かったりすると，図 1-2 のようなエ

図 1-1　ビデオレコーダの例

図 1-2　エアコンの例

アコンを使うことがあります．

最近の家庭用エアコンは，ほとんどがインバータ方式になっています．この方式のエアコンは，冷暖房能力を連続的に変化させることができるため設定した温度を忠実に保ってくれます．例えば，冷房運転中に部屋で鍋料理を始めたとします．すると，部屋の温度は急激に高くなろうとしますが，その変化を感じ取り自動的に冷房能力を高め，設定した温度に保ってくれます．

私たちの周囲を見わたしてみると，次の 2 種類の制御方法があることが分かります．HDD レコーダの留守番録画機能のように，一定の手順を自動的に実行する制御方法と，エアコンのように一定の温度を自動的に保つ制御方法です．

HDD レコーダのような制御方法をシーケンス制御といい，エアコンのような制御方法をフィードバック制御といいます．

図 1-3 に，シーケンス制御とフィー

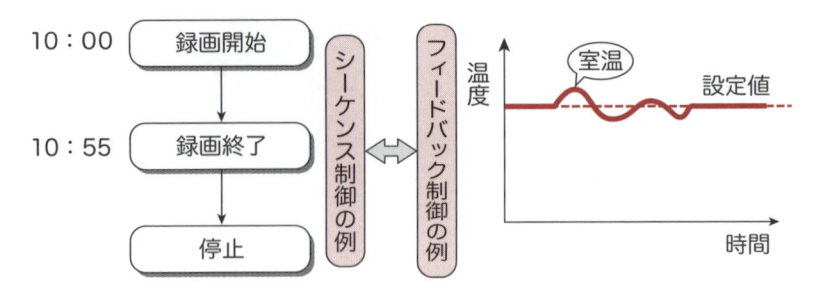

図 1-3 シーケンス制御とフィードバック制御

ドバック制御の違いを示します．

(3) シーケンス制御

シーケンス (sequence) とは，"相次いで起こること"または"連続して起こる順序"という意味です．そして，私たちが学習しようとしているシーケンス制御は，JIS（日本工業規格）で定義されています．それによると，「あらかじめ定められた順序または手続きに従って制御の各段階を順次進めていく制御」(JIS Z 8116) となっています．

つまり，あらかじめ順序を決めておいてスタートのきっかけを作ってやれば，あとは自動的にやってのけてくれる制御のことです．

読者の皆さんは，ニュース番組でスペースシャトルや，ロケットの打ち上げシーンをご覧になったことがあると思います．打ち上げには，秒読みがつきものですが，7・6・5・とカウントダウンし，5秒前になると，「イグニッションシーケンススタート」という声が聞こえます．これは点火の自動制御をスタートさせた確認の声です．

ロケット花火ならマッチで火をつければおしまいですが，本物のロケット

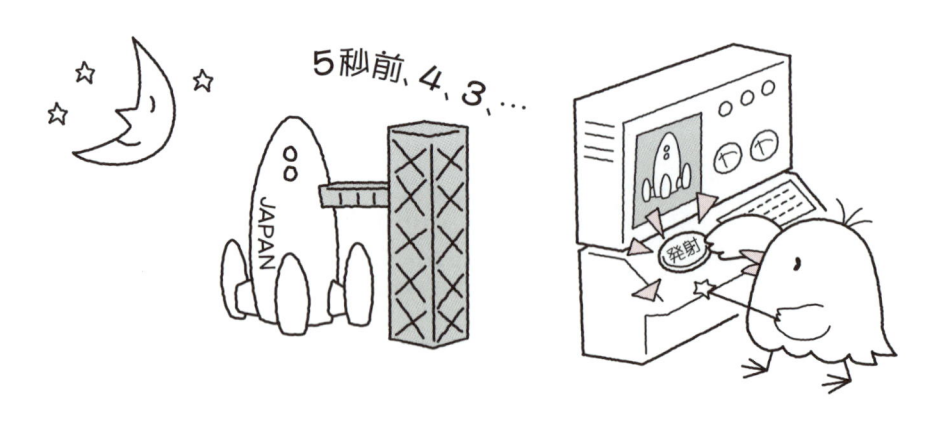

ともなると様々な手順が複雑に入り混じることになります．そこで，あらかじめ手順を決めておき，発射までの各段階を順次進めていきます．もし，どこかで異常が発生すれば，直ちに安全に作業を停止させることも自動的に行われます．

ではここで，シーケンス制御を行うメリットについてまとめておきましょう．

① 自動化

作業の手順さえ決めておけば，後は機械が自動的に行ってくれます．

② 連続運転

一度，手順を決めておけば，何度でも全く同じ動作を繰り返して実行できます．

③ 安全対策

常に異常の有無を監視しながら制御を行うことができ，もし異常が発生しても安全に装置を停止させ，被害を最小限に抑えることができます．

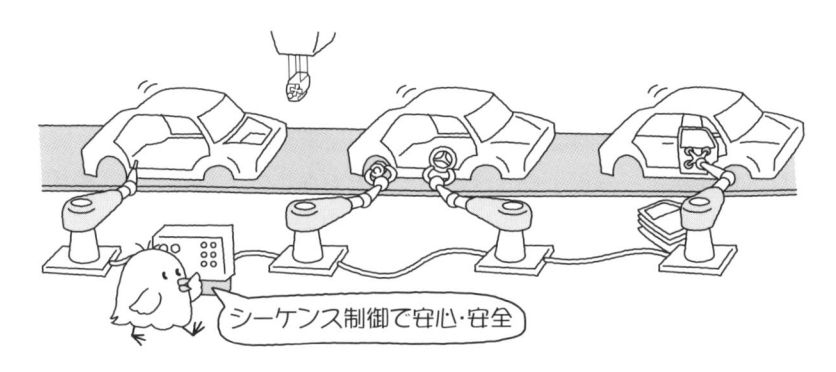

1-2 暮らしの中のシーケンス制御

(1) 身近なシーケンス制御

　私たちの暮らしは，いろいろな機械に助けられています．家の中は，電化製品であふれています．炊事，洗濯，掃除などでは，電化製品の恩恵を受けています．また，外出するときは自動車の助けを借ります．自動車に乗れば，信号機によって交通の安全が保たれます．学校や，会社に着けばエレベータやエスカレータのお世話にもなります．では，いくつか具体的な例を見ていきましょう．

⒜ 目覚まし時計

　私たちの1日は，起床から始まります．その強力な助っ人が，**図 1-4** の目覚まし時計です．寝覚めの悪い人は2，3個用意しているかもしれません．

　目覚まし時計は，セットした時間になるとベルやアラームが鳴ります．とても単純な動作ですが，あらかじめ時刻を設定しておき，時間が経過し設定した時刻になればスイッチが入り，ベルやアラームが作動します．これはシーケンス制御の原点ともいうべき動作です．

⒝ 電気炊飯器

　朝は，パンと決めている人も多いと思いますが，やっぱり朝はご飯，という人も多いことでしょう．炊飯には1時間程度の時間がかかります．昔は，早起きしてかまどで炊いていたのでしょうが，忙しい現代ではそうもいきません．

　そこで**図 1-5** に示す電気炊飯器の

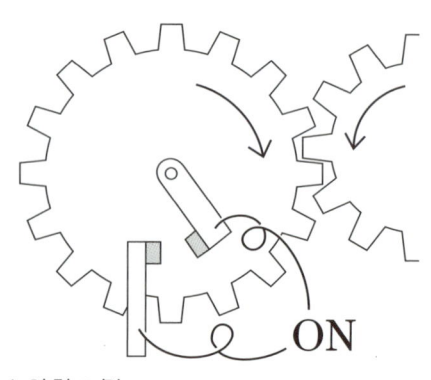

図 1-4　目覚まし時計の例

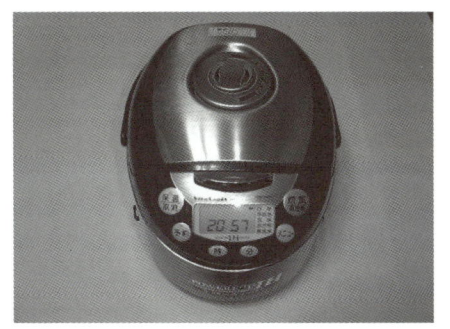

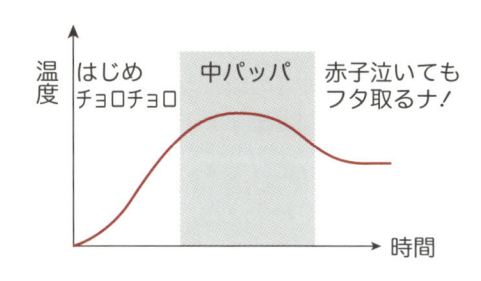

図1-5 電気炊飯器の例

登場です．初期の電気炊飯器は，目覚まし時計の仕組みと同様，設定した時間になるとスイッチが入るというものでした．しかし，より便利に，よりおいしくと各社が開発にしのぎを削り，現在はとても複雑な制御が行われています．しかし，あらかじめ決められた順序に従って，お米を炊いていくことに変わりはありません．つまりシーケンス制御が行われています．

(c) **電気洗濯機**

電気洗濯機は，家庭内のシーケンス制御の代表ともいえます．今では，洗濯機といえば，**図1-6**に示した脱水まで行う，全自動式が当たり前で，私たちはスイッチを入れるだけで洗濯をすることができます．洗濯が済めば，洗濯物を干して乾かさなければなりませんが，最近では，乾燥までやってくれる製品もあります．

このほかにも，家の中を見わたすと，電子レンジ，食器洗い乾燥機，空気清浄機，扇風機，ガスファンヒータ，石油温風ヒータなど，様々な電化製品にシーケンス制御の仕組みが取り入れられています．これらの機器がどのような手順でシーケンス制御をしているか，考えてみてください．

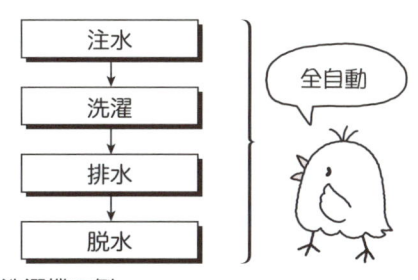

図1-6 全自動洗濯機の例

1-2 暮らしの中のシーケンス制御

(d) **自動運転のエスカレータ**

図 1-7 は，駅にあるエスカレータの例です．郊外の駅になりますと，エスカレータが活躍するのは電車が到着した後の数分だけです．そこで，普段は停止させておき，人が近づくと自動的に動き出すようになっています．また，最後の人が利用した後，一定時間が経過すると自動的に停止するようになっています．これは，電気代の節約にもなります．

(e) **エレベータ**

高層ビルでは，エレベータが不可欠です．階段の上り下りだけでなく，荷物の運搬にも欠かせません．

図 1-8 のようなエレベータは，ボタンを押すことによってかご室が自分のいる階までやってきます．また，目的の階のボタンを押すことによって自動的に，目的の階に停止します．

もし，かご室が1階から10階に移動中に，誰かが5階でボタンを押せば，5階の人も乗せなければなりません．この制御はとても複雑になります．また，少しでも待つ時間を短くするための処理が必要になります．そのために

図 1-7 エスカレータの例

図 1-8 エレベータの例

第 1 章 シーケンス制御入門

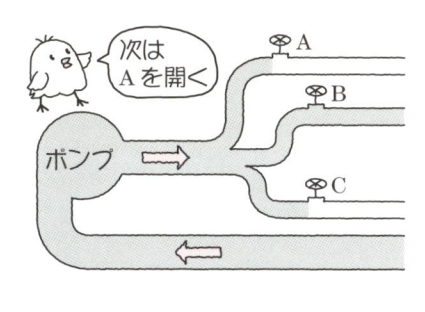

図 1-9 噴水の例

コンピュータが利用されている製品もあります．

(f) 噴水

図 1-9 のように，公園などに設けられている噴水は，私たちの目を楽しませてくれます．色々に形を変えた水の造形美も，大小様々なノズルに取り付けられたバルブの開閉を制御することによって作り出されています．シーケンス制御は，便利で安全な暮らしに役立つだけでなく，心の豊かさをも与えてくれています．

(2) **暮らしを支えるシーケンス制御**

私たちの暮らしは，生産活動で支えられています．工場では，省力化された自動生産ラインによって，品質の高い製品が大量生産され，安い値段で私たちの手元に届けられます．農場でも自動化が取り入れられるようになり，天候や害虫に影響されずに安定して農作物を作り出すことができるようになって来ました．

また，自動車や鉄道の普及によって，いつでも，どこにでも速く行くことができるようになりました．しかし，安全の確保は最も大切なことです．ここでは，安全で快適な生活を支えるシーケンス制御について見ていくことにしましょう．

(a) **交通信号機**

家から一歩外に出ると，私たちは，車の運転者になることも歩行者になることもあります．いずれにしても，交通信号のお世話になっています．図 1-10 は，最も一般的な交通信号機です．

交通信号機にも，色々な仕組みがあ

図 1-10 交通信号機の例

1-2 暮らしの中のシーケンス制御

ります．信号機は，青，黄，赤の点灯を順番に繰り返し交差点の交通整理をします．それぞれの色が点灯している時間は，あらかじめ決められています．

同じく交通信号機ですが，**図 1-11**や**図 1-12**のような装置を見かけたことはないでしょうか．交通量が多い道路と，少ない道路が交差するようなところでは，交通量の少ない方の信号機は，通常赤信号のままで，必要なときだけ青信号となる仕組みになっています．そのような交差点では，図 1-11のような装置が取り付けられています．

この装置は，超音波式の車両検出装置です．この下に車が止まると，超音波は地面からではなく，車の屋根ではね返りますので，通常より早く戻ってきます．この時間の変化をみて，車が来たことを検出し，信号機を作動させます．

図 1-12 は，お年寄りや小さな子ど

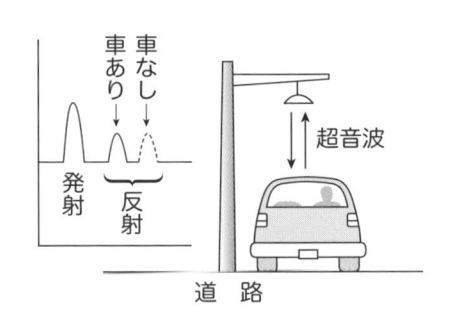

図 1-11 車両検出装置の例

図 1-12 交通弱者用押しボタンの例

第 1 章 シーケンス制御入門

もなどが押せるように，交差点に設置された交通弱者用押しボタンです．このボタンを押すと，通常よりも青信号の時間が長くなり安心して横断できるようになっています．

このように，交通信号にも様々な工夫が凝らされていますが，この仕組みを実現しているのもシーケンス制御です．

(b) 自動洗車機

毎日使う車は，いつもきれいにしておきたいものです．図 1-13 は，自動洗車機の例です．この装置は，お金を入れて好みのコースを選べば，自動的に車を洗ってくれます．先ほどの全自動洗濯機のような動作ですが，色々な大きさや形の違う車に対応するための装置が取り付けられています．

車と洗濯物は全く違いますが，洗う，乾燥する，という手順にそって順序どおり作業を進める流れは同じです．

(c) 無人駐車場のゲート

駐車禁止の取締りが厳しくなり，これまでより無人の駐車場が増えました．図 1-14 はその例です．一般的な無人駐車場では，次のような作業が機械によって，自動的に行われています．

- 入り口で入庫時間が記録された駐車券を発行する．
- ゲートを開ける．
- 車が 1 台入ればゲートを閉じる．
- 出庫時，出口で挿入された駐車券を読み取る．

図 1-14　無人駐車場の例

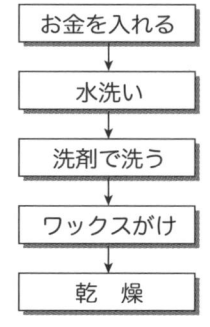

図 1-13　自動洗車機の例

1-2　暮らしの中のシーケンス制御

- 駐車料金を計算する．
- 料金の精算をする．
- 必要ならば領収書を発行する．
- ゲートを開ける．
- 車が1台出ればゲートを閉じる．

もちろん駐車場がいっぱいなら満車の表示も必要です．

これらは，とても複雑な制御になり，ゲートの開閉装置や，料金の精算装置などが互いに連携しながら全体の装置として働くようになっています．しかし，細かく見ていけば単純なシーケンス制御として働いていることになります．

(d) **鉄道車両**

私たちの生活において，車以外に鉄道も非常に重要な交通手段ですが，電車の運転を経験した人は，ほとんどいないと思います．**図1-15**は鉄道車両の運転席にあるマスターコントローラです．これは，車における，アクセルとブレーキの働きを併せ持った装置と考えてください．

運転席にあるマスターコントローラからは，加速やブレーキをかける指示

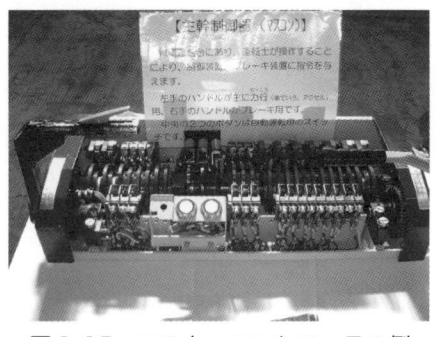

図1-15 マスターコントローラの例

が出されます．すると，モータの制御装置やブレーキの制御装置が指示されたとおりに制御を行います．**図1-16**は電車のブレーキ制御装置，**図1-17**はブレーキ駆動装置です．このように，シーケンス制御は，目につかないとこ

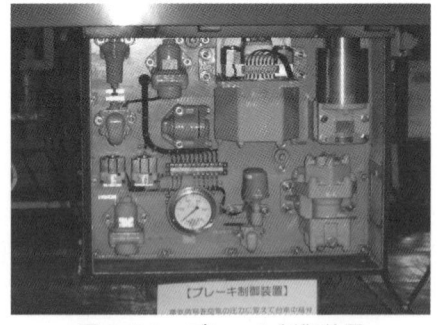

図1-16 ブレーキ制御装置

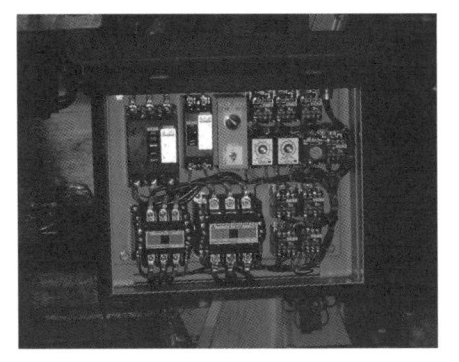

図 1-17 ブレーキ駆動装置

ろにも使われています．

(e) **線路のポイント切替装置**

鉄道は，シーケンス制御によって支えられているといっても過言ではありません．**図 1-18** はレールを切り替えるポイント切替装置の内部です．モータの力で重いレールを動かし，電車の進路を変更します．以前は手動で切替を行っていましたが，現在では司令所からの指令で制御されています．司令所では，たくさんのポイント切替装置の情報を管理し，電車の安全運行を確保しています．

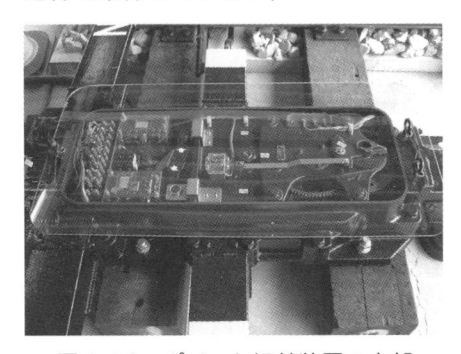

図 1-18 ポイント切替装置の内部

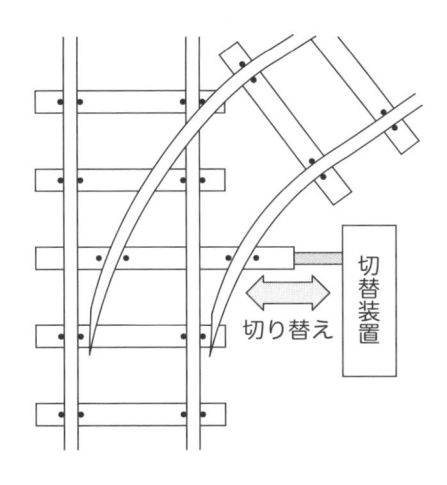

(f) **クレーン**

クレーンとは起重機のことです．数十トンもあるような重量物を吊り下げたり，移動したりするために欠かすことのできない装置です．**図 1-19** は工場の中で使われているクレーンの例です．図の中央部に見えるのが運転席で，そこで操作をします．このクレーンの場合，荷物の上げ下ろしのほか，前後・左右に移動することができるようになっています．このようなクレーンを操縦するためには，法律に定めら

図 1-19 クレーンの例

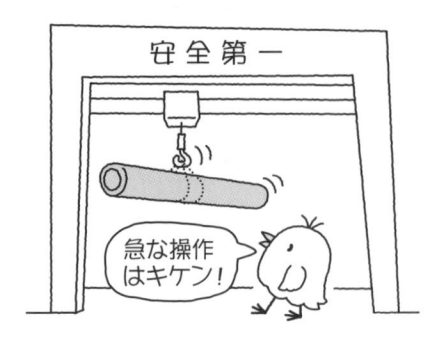

れた資格が必要です．操縦者は，専門的な知識と技術を持っているはずですが，さらに安全性を高めるために，シーケンス制御を応用した様々な安全装置が設けられています．最も危険な操作は，急上昇と急下降です．また，限度を超えた重量物を持ち上げることは事故につながります．そこで，運転者や周囲の人の「危険」を避けるための安全対策が施されています．

(g) **スタジアム**

みなさんは，陸上競技や，野球場に出かけられたことがあると思います．そこには，**図1-20**のような大きな照明塔があり，暗くなっても競技を行うことができるようになっています．照明塔は，広い競技場を照らすために強力な光エネルギーを出力する必要があります．

スタジアムには制御室があり，そこで，様々な設備を集中管理しています．制御室から出された指令によって，各照明塔の電球をコントロールする必要もあります．照明のほかにも，計時装置や空調装置，給排水装置などにもシーケンス制御が利用されています．

いくつもの例を見てきましたが，私たちの暮らしとシーケンス制御は切っても切れない関係があることが分かっていただけたでしょうか．意外なところにシーケンス制御が使われています．

もし，シーケンス制御がなかったらどうなるかを考えてみるのも良いかもしれません．さらに学習を続け，自由自在にシーケンス制御を操れるようになりましょう．

図1-20　照明塔の例

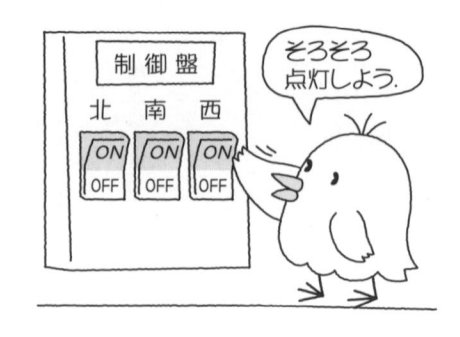

1-3 電気の基礎知識

(1) 交流と直流

シーケンス制御によって，様々な機械や設備を自動制御する場合，必ず電気の力を借りることになります．家庭のコンセントに来ている電気は交流で，乾電池は直流だということは，何となく耳にしたことがあるのではないでしょうか．直流はDC（direct current），交流はAC（alternating current）と略して表され，用途や使用する機器に応じて使い分けられます．

私たちがよく使う乾電池には，いろいろな種類がありますが，よく見ると"＋"や"－"の表示があります．また，1.5Vなどといった電圧を示す表示もあります．これは，極性が常に一定で，電圧の大きさも1.5V一定であることを示しています．このように電圧が一定で，極性も変化しない電気を直流といいます．直流に対して交流は，電圧の大きさと，極性の両方が変化する電気をいいます．**図1-21**を見てください．

交流の電圧やそれによって流れる電流は，波のように繰り返されます．1秒間に作られる波の数を，周波数といいその単位はHz（ヘルツ）が使われ

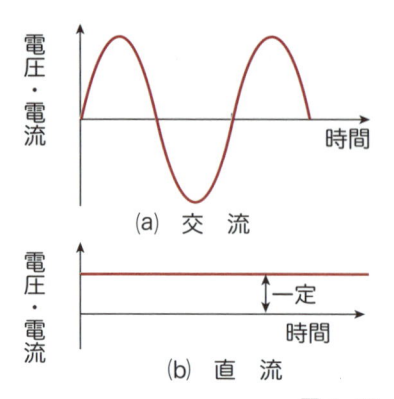

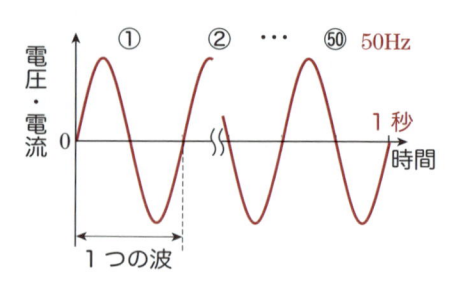

図 1-21 交流の電圧と電流

ます．

　関東地域では 50 Hz，関西地域では 60 Hz ということも聞かれたことがあるはずです．皆さんは，なぜ同じでないか疑問に感じると思います．これは昔，わが国が発電機を外国から輸入したことから始まります．関東では，ドイツの AEG 社製の 50 Hz の発電機を，また関西ではアメリカの GE（ゼネラルエレクトリック）社から 60 Hz の発電機を輸入して使い始めたのがきっかけといわれています．全国的に統一することも検討されたのですが，コストがかかりすぎるとの理由から，今日に至っています．また，現在の電化製品の，ほとんどが 50 Hz と 60 Hz の両方で使用できるようになってきました．

　ここで，交流と直流の特徴を比較してみましょう．

- 交流は，変圧器を使って容易に電圧を上げたり下げたりできます．
- 交流を用いると，モータの構造を単純にでき，故障が少なくなります．
- モータは直流式の方が，小型で大出力のものが作りやすく回転数の調整も容易です．
- 直流は，バッテリーを使って蓄えられます．
- コンピュータをはじめとする電子機器は，直流でなければ動作しません．

(2) 三相交流

　一般家庭のコンセントに供給されている 100 V の交流を単相交流といいますが，3 組の単相交流を組み合わせた

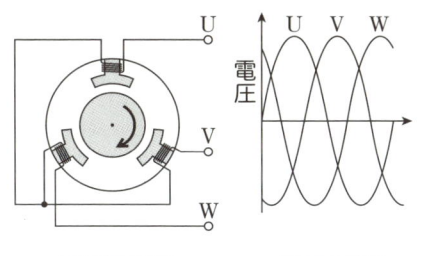

三相発電機　　　　電圧の変化

ものを三相交流といいます．三相交流には，大変優れた性質があります．それは，120度ずつ位相差のある3つの交流電源を組み合わせることで，3本の電線の内，どの2線間も同じ電圧となる性質です．この性質を使うと，電気エネルギーを効率よく送ることができます．また，簡単に回転磁界を作ることができるため，電動機の電源に最適です．

(3) 電気エネルギーを作る

電気エネルギーは，発電所で作られます．発電所では，水力，火力，原子力などの力でタービンにつながった発電機を回し発電します．図1-22に火力発電所の例を示します．

(4) 電気エネルギーを配る

発電所で作られた電気エネルギーは，特別高圧（特高）と呼ばれる高い電圧に変換され，遠くに運ばれます．その後，図1-23のような変電所で何段階か電圧を下げながら運ばれます．図1-24は電柱の上に敷設されている3本の配電線です．発電所からこの部分までは三相交流です．しかも電圧は，6 600 Vもあります．この電圧は，一般の家庭で使用するには危険

図1-23　変電所の例

図1-22　火力発電所の例

1-3　電気の基礎知識

図1-24　配電線と柱上変圧器

すぎる大きさです．

しかし，大きな電力を使う工場やビル，学校，病院などでは6 600 Vの配電線から直接電力を取り込み，施設内でさらに低い電圧に変換しています．ただし，このような場合には電気設備を管理・監督する電気主任技術者を置かなければならないことが，法律で定められています．

小さな工場や一般家庭の場合は，6 600 Vの配電線から図1-24に示した柱上変圧器によって，電圧をさらに低くした単相交流が供給されています．このとき用いられる方式を単相三線式といい，3本の電線を使用しますが，三相交流とはまったく異なった方式です．

私たちが普段使っているコンセントには100 Vの電圧が供給されていますが，単相三線式を用いることによって，大型のエアコンや電磁調理器などを使いたい場合，容易に200 Vも得られるようになっています．図1-25は，配電盤の例です．図の左にあるブレーカの上部には，単相三線式の3本の太い電線が接続されています．

シーケンス制御では，様々な大きさの電圧や電流を制御する場面に直面します．したがって，電気がどのような形式で送られているかをしっかり確認してください．

(5) **電気回路の基礎**

電気回路は電源，負荷，配線で構成されます．

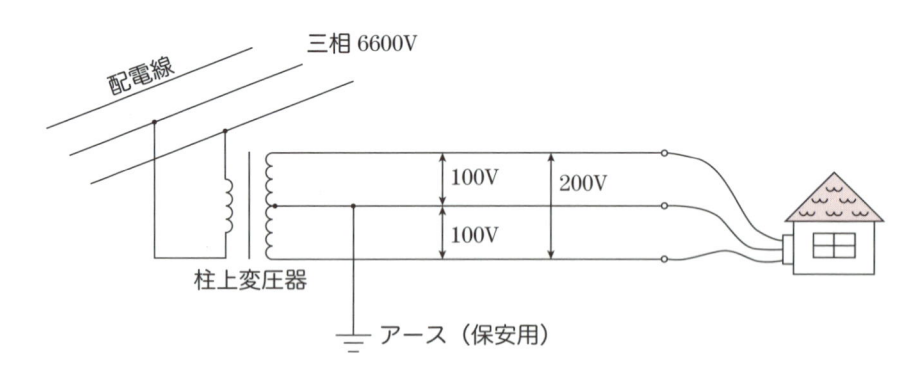

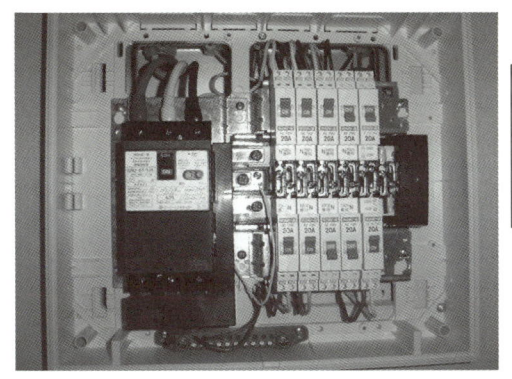

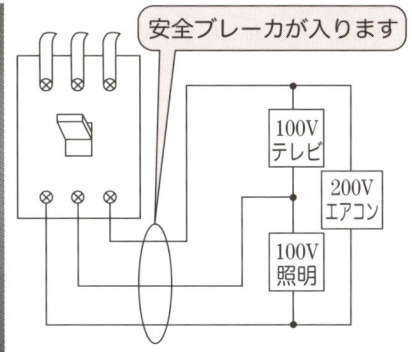

図 1-25　配電盤の例

　電源は，電気エネルギーを供給する源となります．これは，直流電源と交流電源に分類され，供給できる電圧と電流の大きさが決まっています．また，交流電源の周波数も重要な項目です．

　負荷とは，電源につないでエネルギーを消費して仕事をする役割をします．簡単にいえば，テレビやエアコン，蛍光灯などが負荷といえます．負荷には，交流電源用と直流電源用の区別があります．また，交流，直流のどちらにも対応する負荷もあります．

　配線は，電源と負荷をつなぐための電線のことと考えてください．教科書などでは，電気抵抗の無い理想的な導体として扱われることが多いようですが，実際には電気抵抗を持っています．扱う電圧や電流の大きさによって，導体の太さや被覆の種類が違っています．古くなった配線から火災を起こすこともあり，注意が必要です．

　表 1-1 に，電気回路でよく扱われる量と単位を示します．

　私たちは，電気エネルギーとして交流と直流を扱わなければなりません．しかし，基本的な考え方は同じです．

　図 1-26 は，電球を光らせる回路です．電球の場合，交流でも直流でも

表 1-1　電気回路の量と単位

量	記号	単位	読み方
電圧	V	V	ボルト
電流	I	A	アンペア
抵抗	R	Ω	オーム
電力	P	W	ワット
周波数	f	Hz	ヘルツ

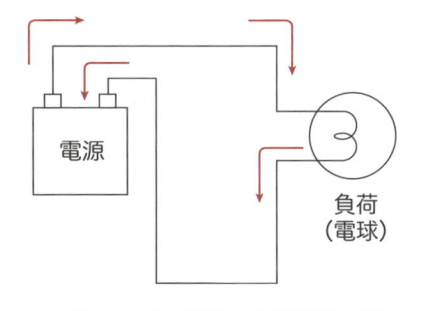

図 1-26　電球の点灯回路の例

1-3　電気の基礎知識

関係なく光ります．また，周波数の影響もありません．

この図のように電源と負荷をつなぐと，電源から流れ出した電流は，負荷を通って電源に帰ります．このように電流が回る道を電気回路といいます．

電流が流れることによって電球は光りますが，このままでは消すことができません．そこで，途中にスイッチを入れましょう．こうすることで，自由に点灯，消灯できるようになります．

もし，このスイッチを1秒間隔で自動的にON-OFFを繰り返すようにすれば，これも立派なシーケンス制御と言えるでしょう．小さな電球をたくさん使えば，クリスマスツリーの飾りになるかもしれません．

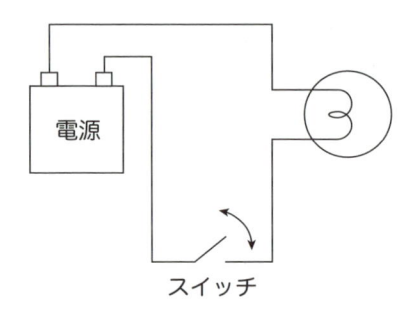

図 1-27 スイッチによるON-OFF

(6) 電気回路の法則

シーケンス制御を学習する上で，どうしても押さえておきたい電気回路の法則などを確認しておきましょう．これらは安全を確保する上でも，とても大切なことです．

(a) オームの法則

図 1-28 は電源と抵抗をつないだだけの基本的な電気回路です．このとき，電圧 V，電流 I，抵抗 R の間には式(1-1)のような関係が成り立ちます．

$$I = \frac{V}{R} \qquad (1\text{-}1)$$

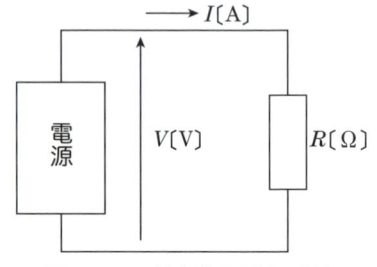

図 1-28 基本的な電気回路

この関係はオームの法則と呼ばれ，1827年にドイツの物理学者であるオームによって発表されました．式(1-1)から，電流 I は電圧 V に比例し，抵抗 R に反比例するということが分かります．式(1-1)は，次のような2つの式に変形することができます．

$$V = IR \qquad (1\text{-}2)$$

$$R = \frac{V}{I} \qquad (1\text{-}3)$$

式(1-1),(1-2),(1-3)を使うと電圧・

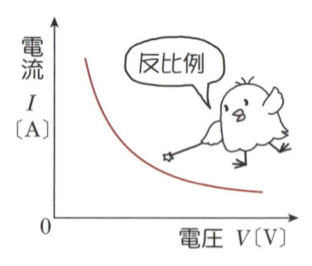

電流・抵抗のうち2つの値が分かれば，残りの1つを計算で求められます．

(b) 電力

電気回路ができれば，そこには電流が流れ，電源から供給された電気エネルギーが負荷で消費されます．

電気エネルギーが単位時間当たりにする仕事の大きさを電力といいます．

図1-28の場合，抵抗Rで消費される電力P〔W〕は式(1-4)で表されます．

$$P = VI \qquad (1\text{-}4)$$

式(1-4)にオームの法則による式(1-1)，(1-2)，(1-3)をそれぞれ代入することによって式(1-5)が得られます．

$$P = VI = I^2 R = \frac{V^2}{R} \qquad (1\text{-}5)$$

(c) 電力量

電力は，電気エネルギーが単位時間当たりにする仕事の大きさのことでした．そこで，電力P〔W〕と時間t〔s〕をかけたものを電力量W〔W・s〕とい

い，式(1-6)の関係が成り立ちます．

$$W = VIt = I^2 Rt = \frac{V^2 t}{R} \qquad (1\text{-}6)$$

実際に電力量を表す場合，W・sでは大きな数字になりすぎるので，キロワット時〔kW・h〕が用いられます．

私たちは，使った電力量に対して電力会社にその代金を支払いますが，請求書には使った電力量がkW・hで書かれています．電力会社は各家庭に**図1-29**のような電力量計を設置しており，この装置よって電力量を調べています．

(d) 仕事量と電力

仕事量は物理学で用いられる用語で，単位にはJ（ジュール）が用いられます．それに対して電気関係の分野では電力や電力量という用語が一般的によく使われます．これらの間には(1-7)式と(1-8)式のような関係があります．

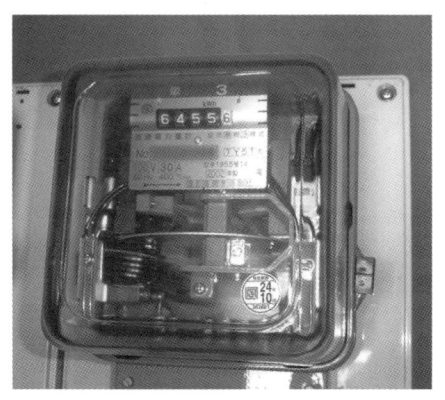

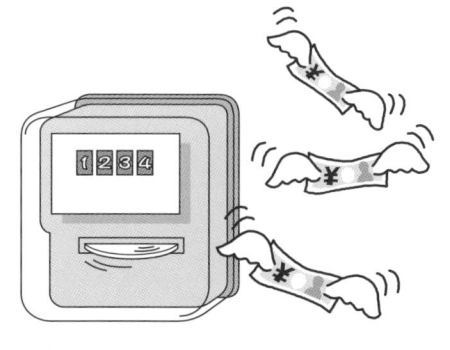

図1-29　電力量計の例

$$1\,[\text{J}] = 1\,[\text{W}\cdot\text{s}] \qquad (1\text{-}7)$$

$$1\,[\text{W}] = 1\,[\text{J/s}] \qquad (1\text{-}8)$$

つまり，1 J は 1 W の電力が 1 秒当たりにする仕事量のことであり，1 W は 1 秒当たり 1 J の仕事をする電力といえます．

(e) **電化製品の電力表示と電流**

電流，電圧や電力などについて学習してきましたが，身の周りにある電化製品に目を向けてみましょう．**図1-30** は，電気温風器についている表示の例です．この図のように電圧・電力・周波数の表示があります．他の電化製品にも同様の表示がありますので，一度探してみてください．

さて，この表示で何が分かるのでしょうか．使用電圧が 100 V であることと，そのときの消費電力は 580 W であることが表示されています．これから流れる電流を求めてみましょう．電圧と消費電力を，先ほどの式（1-4）に当てはめると，次のようになります．

$P = VI$ より，

$580 = 100 \times I$

∴ $I = \dfrac{580}{100} = 5.8\,[\text{A}]$

つまり，この器具を使用するためには 5.8 A 以上の電流を流すことのできるコンセントにつなぐ必要があります．一般的なコンセントは最大 15 A までのものが多いので，最大限に使うと，あと 9.2 A の電流を流すことができます．これをワット数に直すと，100 V なら 920 W となります．電化製品では，消費電力を表示することが一般的ですが，電源の最大電流と最大電力も把握しておきましょう．

次に，負荷の電気抵抗を計算してみましょう．先ほどの 100 V で 580 W の機具の抵抗値は式（1-5）の $P = \dfrac{V^2}{R}$ より，

$$R = \dfrac{V^2}{P}$$

よって，

$$R = \dfrac{100^2}{580} = 17.2\,[\Omega]$$

となります．

(f) **配線の電気抵抗と電源電圧**

これまでの説明では，電線の抵抗には触れていませんでした．しかし，消費電力の大きな機器を使っているとき，電線が少し暖かくなっているのを経験したことはないでしょうか．これは電線にも電気抵抗がある証拠です．電線を暖めるエネルギーは，全くむだであるばかりでなく，最悪の場合は火災の原因になります．電気抵抗は式（1-9）で表されます．

```
PSE
100V  580W  50-60Hz
温度ヒューズ ヒーター回路用 133℃
           全回路用    121℃
```

図1-30 電気温風器の表示の例

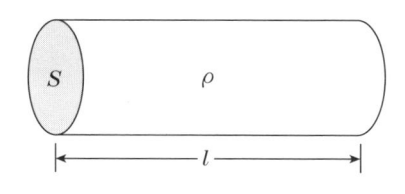

$$R = \frac{\rho l}{S} \qquad (1\text{-}9)$$

ただし，ρ：抵抗率
　　　　l：導体の長さ
　　　　S：導体の断面積

　抵抗を小さくするためには，できるだけ抵抗率の小さい材料を使い，太く短くすることが必要です．しかし，負荷と電源の距離は決まっていますので長さを短くするには限界があります．また，抵抗率については銀が最も低いのですが，価格が高いので，その次に抵抗率の低い銅がよく使われます．

　また，配線そのものを変更せず，より大きな電力を使用するために，電源電圧を 100 V から 200 V へ変更するこ

図 1-31　200V 用コンセント

とがあります．図 1-31 は，200 V 用のコンセントの例です．

　電圧を 2 倍にすると，供給できる電力は，$P = VI$ の関係により 2 倍にすることができます．また，消費電力が同じであれば，流れる電流は半分になるので，電線等での損失は式（1-5）から 4 分の 1 になることが分かります．

章 末 問 題

1 次のうち，シーケンス制御の応用と考えられるものを番号で答えなさい．
　① 缶ジュースの自動販売機　　② 電気カーペットの自動温度調整
　③ 鉄道の自動踏み切り　　　　④ 遊園地のメリーゴーラウンド
　⑤ 湯沸かし器の温度調整　　　⑥ ビデオカメラのオートフォーカス

2 ある抵抗に，8 V の電圧を加えたとき 0.16 A の電流が流れた．抵抗値を求めなさい．

3 次の図 1-32 に示した電気回路について，問に答えなさい．

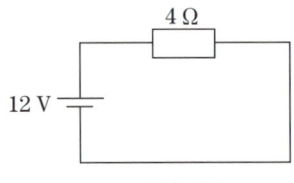

図 1-32

　① この回路に流れる電流を求めなさい．
　② 4 Ω の抵抗で消費される電力 P〔W〕を求めなさい．
　③ 12 V の電源は 5 A までしか流すことができないとする．この電源につなぐことのできる抵抗の最小値と，抵抗で消費される電力を求めなさい．

4 ある材料を用い，図 1-33 に示すような電線を作った．次の①〜④のうち，最も抵抗の小さいものと，大きなものを番号で答えなさい．

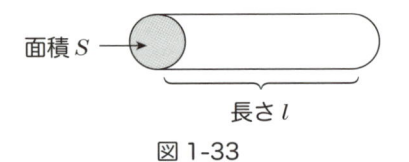

図 1-33

　① $S=2$〔mm^2〕,　$l=10$〔m〕　② $S=1$〔mm^2〕,　$l=15$〔m〕
　③ $S=5$〔mm^2〕,　$l=23$〔m〕　④ $S=3$〔mm^2〕,　$l=60$〔m〕

5 100 V，1 000 W の電熱器がある．この電熱器を使ったときに流れる電流と電気抵抗を求めなさい．

6 16 Ω の電気抵抗を持つヒータがある．このヒータを，200 V の電源につないだ場合の消費電力 P〔W〕と，12 時間使用した場合の電力量 W〔kW·h〕を求めなさい．

第2章 シーケンス制御を構成する機器

　シーケンス制御は，様々な機器によって構成されています．また，シーケンス制御は接点のかたまりともいえます．ここでは，制御回路に指令を与えるスイッチの働きをはじめ，電気的接点に求められる電気的特性や，負荷の種類による突入電流への配慮などを説明します．さらに，シーケンス制御の中心的存在であるリレーの働きとタイムチャートなどとともに，機械の状態などを検出するセンサの仕組みや，使いかたについても説明します．加えて，その他に知っておきたい機器の働きについても説明します．

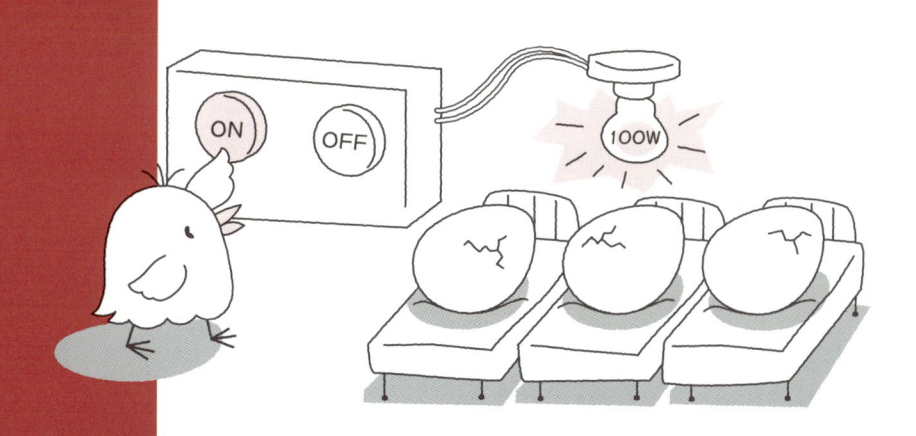

2-1 スイッチの働き

(1) スイッチとは

スイッチは別名を開閉器ともいい，電気回路の一部をつないだり，切り離したりする機器です．スイッチを操作し，回路に電流が流れるようにすることを，「スイッチを閉じる」または，「ONにする」といい，そのときのスイッチの状態を「閉じている」または，「ONである」といいます．

また，スイッチを操作して回路に電流が流れなくすることを「スイッチを開く」または，「OFFにする」といい，その状態を「開いている」または，「OFFである」といいます．

図2-1 は，押しボタンスイッチの例です．ボタンを押すことによって，回路を閉じたり開いたりすることができます．押しボタンスイッチは，制御

図2-1 押しボタンスイッチの例

回路に人間の意志を伝える働きをする入力機器として働きます．

(2) メーク接点とブレーク接点

図2-2 に，押しボタンスイッチのメーク接点が働くようすを示します．メーク接点とは，通常は開いており，操作が加えられることによって閉じる接点です．メーク接点は，a接点または常時開路接点と呼ばれることもあり

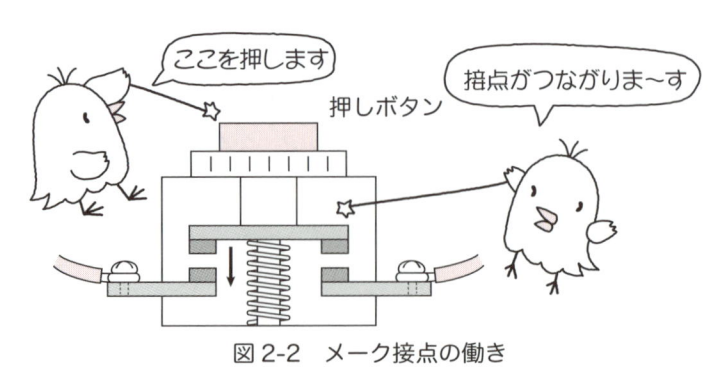

図2-2 メーク接点の働き

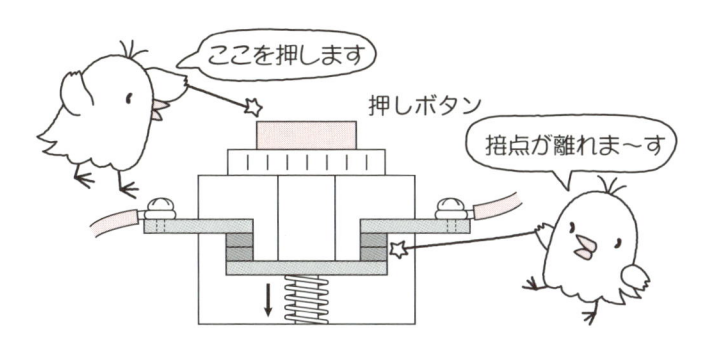

図2-3 ブレーク接点の働き

ます.

次に，**図2-3**に押しボタンスイッチのブレーク接点が働くようすを示します．ブレーク接点は，通常は閉じており，操作が加えられることによって開く接点です．ブレーク接点は，b接点または常時閉路接点と呼ばれることもあります．押しボタンスイッチの中には，メーク接点とブレーク接点の両方を内蔵した製品もあります．

(3) **実体配線図**

スイッチの働きを説明しましたので，簡単な回路を作ってみましょう．

図2-4は，メーク接点とブレーク接点を使って，ランプを操作する回路です．スイッチA（メーク接点）のボタンを押すと，ランプAに電流が流れ点灯します．ランプB（ブレーク接点）には常時電流が流れ点灯していますが，スイッチBを操作することにより回路が開かれランプBは消灯します．

このような実体配線図は，初心者には大変理解しやすいのですが，慣れてくるにつれ煩雑すぎて使いづらくなってきます．そこで，図記号が用意されています．

図記号はJISで規定されています．共通の図記号を使うことは，誰が見ても理解できる回路図を描くために必要

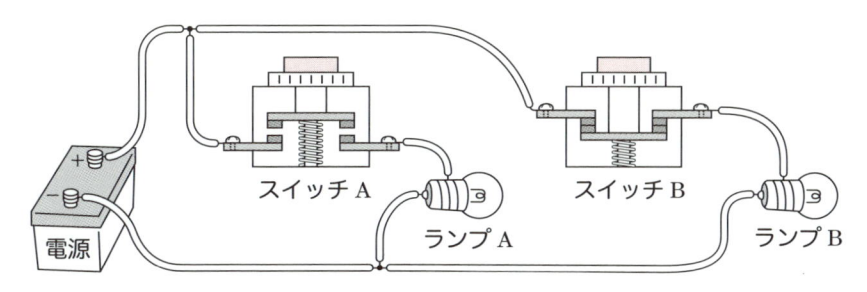

図2-4 ランプ点灯の実体配線図

2-1 スイッチの働き

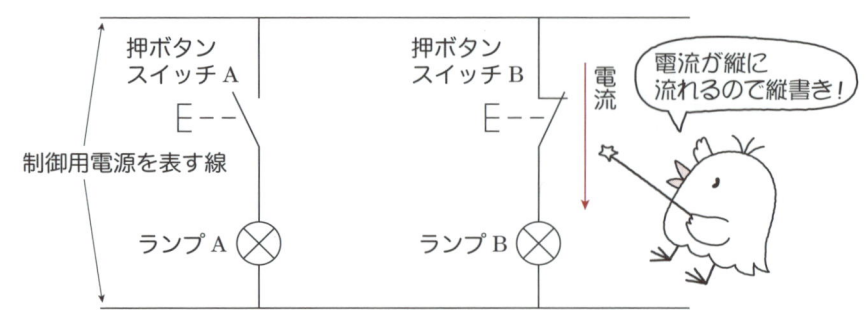

図 2-5　JIS 図記号を用いたランプ点灯回路

なことです．

(4) 図記号を用いた回路図

図 2-5 はランプの点灯回路を，JIS による図記号を用いて書き換えた回路図です．シーケンス制御では，このような回路図のことをシーケンス図といいます．

シーケンス図には，制御用電源の線を上下に書く縦書きシーケンス図と，左右に書く横書きシーケンス図があります．図 2-5 は，縦書きシーケンス図です．

(5) その他のスイッチ

スイッチは，その目的に応じ様々な種類が用意されています．そのいくつかを紹介します．

ⓐ　トグルスイッチ

図 2-6 はトグル（toggle）スイッチの例です．トグルスイッチは操作することによって ON-OFF を繰り返す部品で，スナップスイッチともいいます．小型機器の電源スイッチや切替スイッチとしてよく用いられます．またレバーが目立ちますので，スイッチの状態が確認しやすいのも特徴です．

ⓑ　セレクタスイッチ

図 2-7 は，セレクタスイッチの例です．上部のつまみを回すことによ

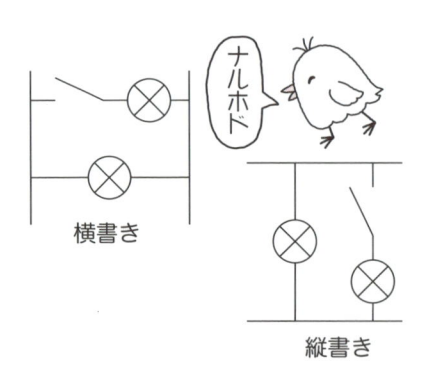

図 2-6　トグルスイッチの例

図 2-7 セレクタスイッチの例

り接点を操作します．回路の ON-OFF をはじめ，複数の回路の切替に使われます．押しボタンスイッチやトグルスイッチは，何かがぶつかり誤操作が生じることがありますが，セレクタスイッチは回転させる操作なので安全性の面で有利です．中には，鍵のついた製品もあります．

(c) **非常ボタン**

図 2-8 は，非常ボタンの例です．押しボタンの一種ですが，操作部分は赤色で，大きく目立つようになっています．誤操作を防ぐためにこのスイッチのそばには，他の赤色スイッチは設置しないようにします．

(d) **リミットスイッチ**

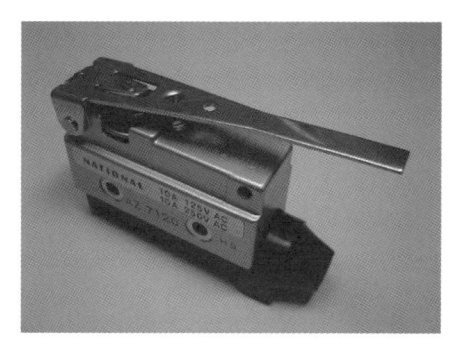

図 2-9 はリミットスイッチの例です．自動ドアの開閉確認や，クレーン，エレベータの位置確認などに使われます．埃や油の多いところで使用されることが多く，機密性の高い構造になっています．

(e) **マイクロスイッチ**

図 2-10 はマイクロスイッチの例です．リミットスイッチを小型にしたような部品ですが，リミットスイッチほどの防塵対策はされていません．小型物体の位置検出などに用いられま

図 2-9 リミットスイッチの例

図 2-8 非常ボタンの例

図 2-10 マイクロスイッチの例

す．

(6) **スイッチの図記号**

表 2-1 と **表 2-2** に，JIS C 0617-7 に規定されているスイッチの図記号から，よく使われる図記号をまとめておきます．

(7) **スイッチの電気的特性**

表 2-3 に，スイッチの定格（安全に扱える最大値）を表します．スイッチの電気的特性を知ることは，安全な制御のために欠かせません．

ⓐ **抵抗負荷とランプ負荷**

抵抗負荷とは，常に一定の抵抗値を示す負荷のことです．具体的には，電熱器やアイロンなど電気エネルギーを抵抗線で直接熱エネルギーに変換するような負荷のことをいいます．

この種の負荷の特徴は，電流が流れているときも流れていないときも，同一の電気抵抗を持っていることです．負荷の抵抗値は温度が変わってもほとんど変化しない性質を持っています．

図 2-11 は，一般的な電気アイロンの抵抗値をテスタ（回路計）で測定

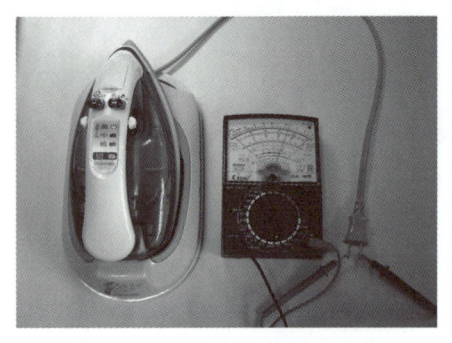

図 2-11　アイロンの抵抗値の測定

しているようすです．

テスタは抵抗値のほかにも，交流・直流の電圧や直流電流を簡単に測定することができ，それほど精度を要求しなくてよい場合には大変重宝します．

この電気アイロンの定格は 100 V で 1 200 W ですので，電気抵抗を求めてみると，

$$P = VI$$

より，

$$I = \frac{1200}{100} = 12 \,[\mathrm{A}]$$

よって，

$$R = \frac{V}{I} = \frac{100}{12} \fallingdotseq 8.3 \,[\Omega]$$

表 2-1　限定図記号

図記号	説明	図記号	説明
◖	接点機能	▽	位置スイッチ機能
✕	遮断機能	◁	自動復帰機能，例えばばね復帰
─	断路機能	○	非自動復帰（残留）機能
◯	負荷開閉機能	⊖	スイッチの確実動作
■	継電器または開放機能を備えた自動引外し機能		

表 2-2 接点（スイッチ）の図記号

図記号	説明	図記号	説明
	メーク接点		押しボタンスイッチ（手動）
	ブレーク接点		引きボタンスイッチ（手動）
	非オーバラップ切換え接点		ひねりスイッチ（手動）
	オフ位置付き切換え接点		メーク接点のリミットスイッチ
	自動復帰するメーク接点		ブレーク接点のリミットスイッチ
	自動復帰しないメーク接点		電磁接触器の主メーク接点
	自動復帰しないブレーク接点		電磁接触器の主ブレーク接点
	手動操作スイッチ		

表 2-3 スイッチの定格例

定格電圧〔V〕	無誘導負荷〔A〕		誘導負荷〔A〕	
	抵抗負荷	ランプ負荷	誘導負荷	電動機負荷
AC125	15	1.5	15	2.5
AC250	15	1.25	15	1.5
DC 8	15	1.5	15	2.5
DC125	0.5	0.5	0.05	0.05

となります．

図2-12はテスタの目盛を拡大した図です．一番上の段が，今回の測定に使用する目盛です．この目盛を読み取ると，約8Ωとなり計算値とほぼ一致することが分かります．次に，ランプ負荷の代表である白熱電球を調べてみます．白熱電球は，構造が単純で安価であるため広く使用されています．大型の照明用白熱電球も原理は同じで，タングステン製のフィラメントに電流が流れ高温になり光を発します．ここで使用する電球の定格は100V，40Wです．先ほどと同様に計算してみると，

$$P = VI$$

より，

$$I = \frac{40}{100} = 0.4 \, [\mathrm{A}]$$

よって，

$$R = \frac{V}{I} = \frac{100}{0.4} = 250 \, [\Omega]$$

となります．

先ほどと同じく，**図2-13**に測定のようすと測定結果を示します．

白熱電球の測定結果は，約30Ωとなりました．計算結果の250Ωと比べると，およそ8.3倍の開きがあります．つまり，スイッチをONした瞬間には，定格電流の8.3倍の電流が流れたことを意味します．その理由は，電流が流れていない状態では電球内部のフィラメントはほぼ室温と同じであるのに比べ，点灯時は非常に高温状態になることです．金属は，一般に高温になるほど抵抗値が上昇します．電球などの場合，非常に短時間で抵抗値が上昇し，定格値に達します．このように，電源をONした瞬間に流れる大電流の

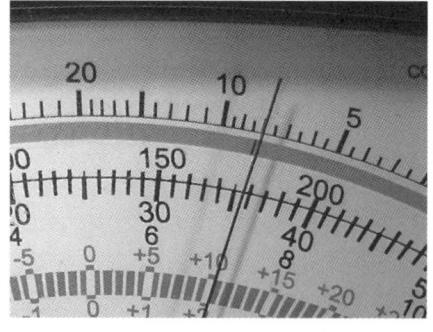

図2-12 テスタの指示（拡大）

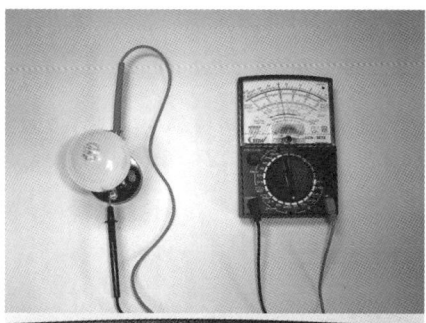

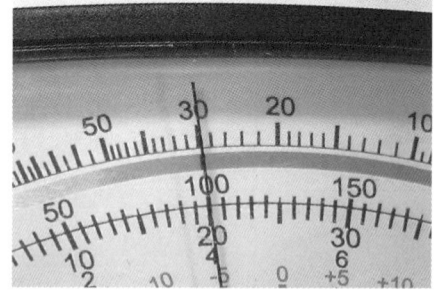

図2-13 電球の抵抗測定

ことを突入電流といいます．

アイロンなどに用いられるヒータは，抵抗ほどではありませんが，電球に比べると，抵抗値の変化が少ない材料が使われています．しかし，電球などのランプ類に用いるスイッチを選ぶ場合には，この突入電流のことを十分に配慮しなければなりません．**図2-14**に電球の突入電流のようすを示します．

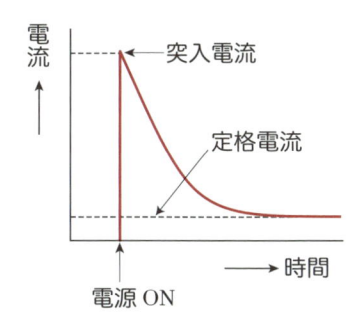

図2-14 電球の突入電流

(b) 誘導性負荷と電動機負荷

誘導性負荷とは，具体的にいうと蛍光灯や水銀灯のような負荷です．**図2-15**に蛍光灯の点灯回路を示します．最近ではインバータ式が多くなってきましたが，このような形式も安価なために多く使われています．安定器と示している部品は，鉄心にコイルを巻いたものです．

電気回路では，コイル類を誘導性負荷といいます．誘導性負荷の等価回路を描くと**図2-16**のようになります．

誘導性負荷を用いた回路の電源を開閉するときには，過渡現象が起きます．過渡現象とは，電源を開閉してから定常状態に達するまでの回路の振る舞いをいいます．**図2-17**にそのようすを示します．過渡現象は，厳密には微分方程式を解くことにより解析されます．

次に，電動機負荷，つまりモータ類の回路を開閉する場合の注意点につい

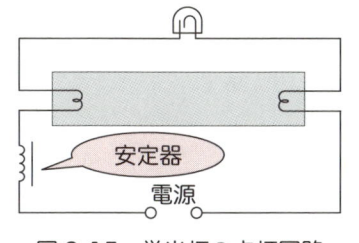

図2-15 蛍光灯の点灯回路

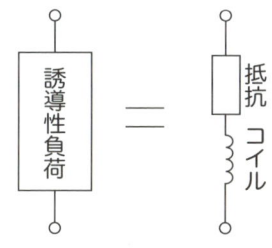

図2-16 誘導性負荷の等価回路

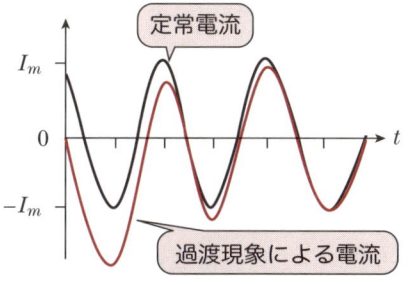

図2-17 誘導性負荷の過渡現象

て説明します．

図2-18は直流電動機の内部接続の例です．電動機には直流電動機と交流電動機がありますが，電気エネルギーを運動エネルギーに変換することに違いはありません．ここでは，電動機の電流を開閉することに注目して考えてみます．

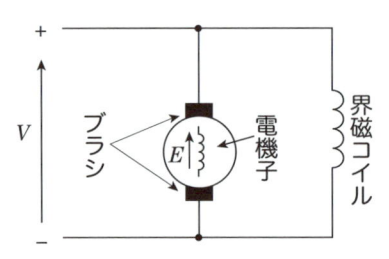

図2-18　直流電動機の内部接続例

図2-18で電動機が回転している状態では，電機子が回転することによって，逆起電力Eが発生しています．この電動機に流れる電流Iは，式(2-1)で表すことができます．

$$I = \frac{V - E - \Sigma V_b}{\Sigma r} \quad (2\text{-}1)$$

ΣV_b：ブラシの接触電圧降下
Σr：電機子抵抗や接触抵抗

ここで，電動機が停止している状態から電圧を加えたとすると，逆起電力$E=0$であり，しかもΣrは非常に小さな値なので，電動機に流れる電流Iは最大になります．つまり電動機においては，始動電流が最も大きな電流値となります．このため電動機の場合は定格電流の6倍程度の余裕が必要です．

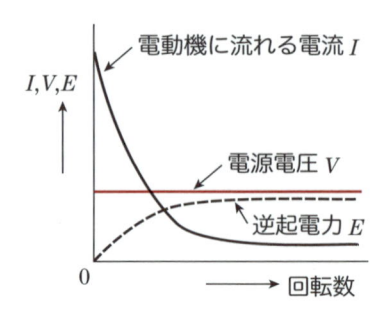

図2-19　電動機の回転数と電流

図2-19に，電動機の回転数と電流Iなどの関係を示します．

(8) スイッチの性能

表2-3ではスイッチの定格例として，スイッチが扱える電圧と電流について示しましたが，その他の性能について**表2-4**に一例を示します．ここでは，電気的な性能と機械的な性能が書かれています．これらの項目につい

表2-4　スイッチの性能例

絶縁抵抗	100 MΩ以上（500 Vメガにて）
接触抵抗	30 mΩ（初期値）
耐電圧	・端子間 　AC1 000 V 50/60 Hz 1 min ・充電部分とアース間，端子と金属部分 　AC2 000 V 50/60 Hz 1 min
振動	誤動作 10～55 Hz 振幅1.5 mm
衝撃	耐久　500 m/s^2
周囲温度	−25℃～+80℃ （氷結・結露のないこと）
保存温度	−25℃～+80℃ （氷結・結露のないこと）
耐久性	機械的　100万回以上 電気的　 50万回以上

て説明します．

(a) 絶縁抵抗

絶縁抵抗とは，本来電流が流れてはいけない部分の電気抵抗です．スイッチは，実際には何らかのパネルなどに固定されて使用します．そのとき，接点につながれた電気回路がパネルなどときちんと絶縁されることを示す値です．スイッチが老朽化したり，熱で絶縁物が炭化すると漏電火災や感電事故の原因となるため，JIS で規定されています．

(b) 接触抵抗

スイッチは，接点と接点がつながったり，離れたりすることによって電気回路を開閉します．接触抵抗とは，接点が閉じた状態のときの，電気抵抗です．理想的には 0 Ω ですが，実際には微小な電気抵抗が存在します．

図 2-20 に接点が閉じたときのようすを示します．接点になる金属には，抵抗率の小さな銀が使われることもありますが，柔らかく，耐久性と経済性で問題があるため，様々な合金がよく用いられます．

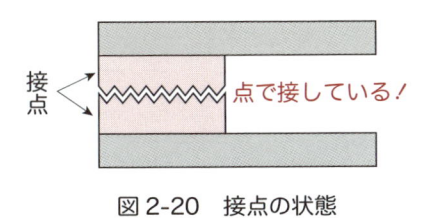

図 2-20 接点の状態

(c) 耐電圧

スイッチの耐電圧は，定格電圧に耐えられることは当たり前ですが，実際の電気回路には異常電圧が発生することがあります．一番多いのは落雷によるものです．雷が落ちなければ大丈夫と思っている人がいるかもしれませんが，大きな勘違いです．上空で稲光がすると，放電による電磁波が発せられ，金属部分に電圧が発生します．制御回路でも，多くの電線がアンテナのようになり高電圧を生ずることがあります．耐電圧とは，ある程度の異常電圧にも耐えられることを示す値です．

(d) 振動・衝撃

スイッチが使用される環境は，必ずしも操作する人が過ごしやすいところ

2-1 スイッチの働き

ではありません．機械類が動き常に大きな振動にさらされている場合もあります．このため，どのくらいの振動や衝撃に耐えられるかを示す必要があります．

(e) 周囲温度・保存温度

使用周囲温度，湿度と保存周囲温度，湿度の条件が示されています．この条件の範囲で，使用や保存をしなさいということです．直射日光が当たったり，ヒータの熱を直接受けたりする場合は予想以上の高温になりますので，注意しなければなりません．

また氷結や，結露の無いことが条件になっています．氷結すると，接点が凍りつくため無理に操作すると壊れてしまいます．また，結露した場合は，絶縁抵抗が著しく低下するとともに金属部分が腐食して性能劣化につながります．冬場の工場内で，急激に暖房をすると冷えたスイッチの接点などに細かな水滴が付着するため，感電や漏電事故につながる恐れがあります．

(f) 耐久性

耐久性には，機械的な性能と電気的な性能があります．表2-4の例では，機械的な耐久性が電気的な耐久性を上回っています．つまり，機械的に壊れない限り，スイッチとしての機能を果たすということになります．使用頻度の多いスイッチは，定期的な交換が必要です．

2-2 リレーの働き

(1) リレーの構造

リレーとは電磁継電器とも呼ばれ，シーケンス制御の中心的存在です．スイッチ類は，手動や機械的な力によって操作されますが，リレーは電磁石の力で接点を操作します．**図2-21**は小型リレーの外観例です．このリレーはヒンジ（蝶番）型と呼ばれます．その構造は**図2-22**のようになっています．

図 2-21　制御盤用小型リレーの例

電磁石に電流が流れていないとき，可動接点（COM）は，ばねの力によって固定接点（NC）に接触しています．しかし，電磁石のコイルに電流が流れると，電磁石によって可動接点（COM）は，固定接点（NO）につながります．

リレーでは，電磁石のコイルに電流を流す回路と接点は絶縁されています．このため，例えば直流 24 V で働く電磁石を使っても接点は交流 100 V の回路を開閉することができます．

リレーと呼ばれる理由は，電磁石を働かせる回路から，接点につながった次の回路へ ON-OFF の情報を引き継いでいく部品であるためだと考えられます．

(2) リレーの必要性

① 小さなスイッチで，大型機械の操作ができる．

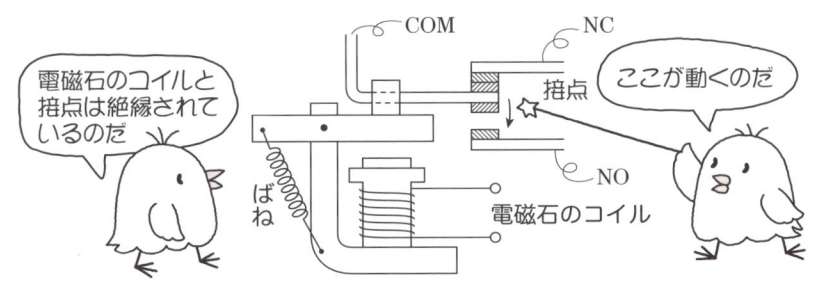

図 2-22　制御盤用小型リレーの構造

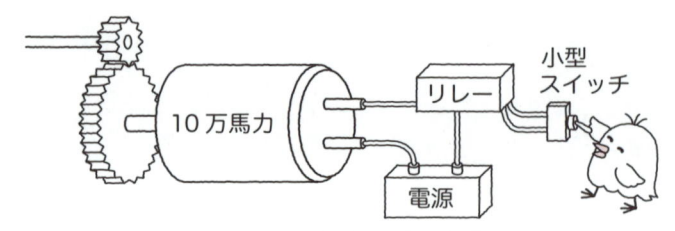

図 2-23　大型モータの操作

　リレーの電磁石は，少ない電流で作動するように設計されています．そこで，リレーを使えば図 2-23 のように大型モータの電源を ON-OFF することができます．しかも，電磁石の回路と接点は，絶縁されているのでより安全な操作が可能となります．

　② 遠く離れた機械の操作が，手元でできる．

　複数の機械が設置された工場で，遠くの機械を操作するためには，そこまで移動しなければなりません．しかし，リレーを使えば，図 2-24 のように少ない電流を流すリレー制御用の電線を延長することによって，遠くの機械を操作することができます．

　そのほかにも，小さなリレーで，より大きなリレーを働かすことによって

さらに，大きな電流の開閉を行わせることができるなど，リレーはなくてはならない部品です．

(3) リレーの特性

　表 2-5 は，制御盤に使われる小型リレーの定格例です．

(a) 操作コイル部

　操作コイル部とは，接点を働かせる

表 2-5　制御盤用小型リレーの定格例

操作コイル部	
定格電圧	DC24 V
コイル抵抗	160 Ω
接点部	
定格電圧・電流	AC220 V　5 A
	DC24 V　5 A
動作時間	20 ms
復帰時間	20 ms
接点材質	Ag

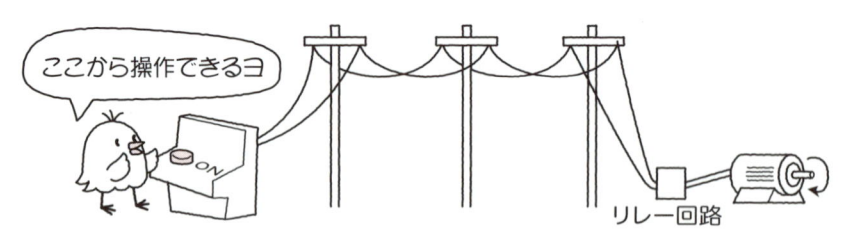

図 2-24　遠隔操作

ための電磁石のコイル部分です．このリレーを働かすためには，直流 24 V の電圧が必要です．また，コイルの直流抵抗が 160 Ω ですから，コイルに流れる電流を，オームの法則を用いて求めてみると，

$$I = \frac{V}{R}$$

より，

$$I = \frac{24}{160} = 0.15 \,[\text{A}]$$

となります．

(b) 接点部

接点部の定格電圧・電流が示されています．交流 220 V の場合と，直流 24 V の場合の電流値が示されていますが，どちらの場合も 5 A の電流を流すことができます．当然これ以下の電圧ならば使用できます．

接点部の定格電流値と，先ほど計算した操作コイル部の電流値を比べてみると，実に 5÷0.15 ≒ 33 倍の電流を開閉できることになります．

次に，動作時間と復帰時間が示されています．動作時間とは，**図 2-25** のように，操作コイルに電流が流れてから可動接点（COM）が固定接点（NO）につながるまでの時間です．また，復帰時間は操作コイルの電流が切れてから可動接点（COM）が固定接点（NC）に戻るまでの時間です．このリレーの場合は，どちらも 20 ms となってい

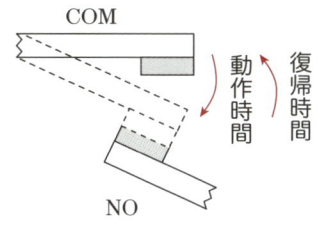

図 2-25　動作時間と復帰時間

ますが，大型になるほど遅くなる傾向があります．20 ms という時間は，交流 50 Hz の 1 周期分の時間です．リレーには動作時間が必要であることも覚えておきましょう．

最後に，接点部の材質は Ag という表示から，接点には銀が用いられていることが分かります．

(4) リレーの保護回路

(a) 直流リレーの場合

コイルの性質として，流れている電流を急に切ると，コイルは電流を流し続けるような逆起電力を発生します．これをコイルの自己誘導作用といいます．**図 2-26** (a) のように，何も対策をしなければ，この起電力のためコイル自身やスイッチその他，同じ電源につながれた機器を損傷することがあります．そこで図 2-26 (b) のようにダイオードを挿入する方法があります．

ダイオードは一方向にしか電流を流さない性質を持っていますので，コイルの自己誘導作用で発生した逆起電力を吸収してくれます．リレーの中にはこの保護ダイオードを内蔵した種類も

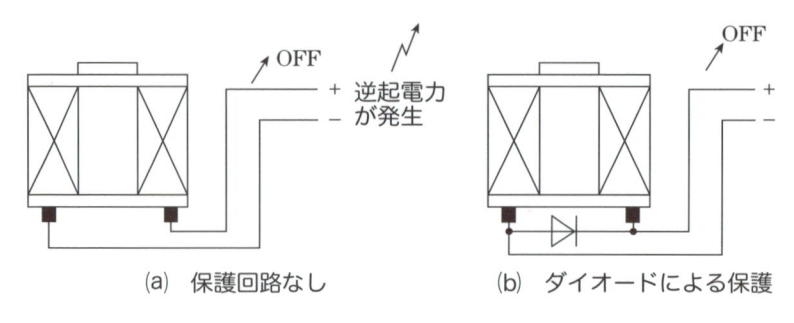

　　　　(a) 保護回路なし　　　　(b) ダイオードによる保護

　　　　　　図 2-26　直流リレーの保護回路

ありますが，その場合には操作コイルの接続に極性が生じます．

(b)　**交流リレーの場合**

　交流リレーの場合も，コイルの自己誘導作用によって，逆起電力が発生しますが，交流の性質上ダイオードを用いることはできません，そこで図 2-27 のように，抵抗 R とコンデンサ C による保護回路を挿入します．この回路は極性を持ちませんから，リレーの接続時も特に配慮は必要ありません．この回路を最初から内蔵した交流リレーもあります．

(5)　**制御回路の電源**

　スイッチの場合と違い，リレーを働かせるためには電源が必要です．リレーの中には，交流 100 V で働くものもありますが，制御回路はできるだけ低い電圧の方が，安全面で優れています．また，直流ならば停電時にもバッテリーで働かせることができます．

　リレー用の直流電源には，最近ではスイッチング電源が用いられます．図 2-28 はスイッチング電源の例ですが，小型で大電流を取り出せるため，シーケンス制御をはじめ，コンピュータなどの情報関連機器にも多く使用されます．

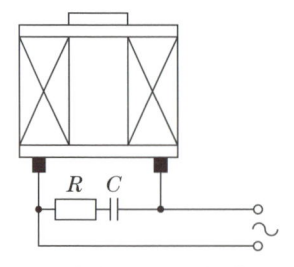

図 2-27　交流リレーの保護回路の例 　　　図 2-28　スイッチング電源の例

(6) その他のリレー

(a) プリント基板用マイクロリレー

図 2-29 は，電子回路に用いられるプリント基板に直接はんだ付けするマイクロリレーです．シーケンス制御に用いられることもありますが，どちらかというと電子回路の切り替えや，回路の絶縁に使われることが多いようです．

(b) 電磁接触器

図 2-30 は電磁接触器と呼ばれます．電力回路の開閉に耐えられるよう堅牢な構造となっています．電動機の始動回路などには，必ずといっていいほどよく使われます．また，大電流の開閉時に生じるアークを消すための消弧器が設けられているタイプなどもあります．

リレーには，扱う電圧や電流によって小型から，大型まで様々な形や，構造を持った製品がありますが，電磁石の力によって接点を操作するという仕組みは共通しています．

(7) リレーの回路記号

リレーの図記号は，接点の図記号と継電器（リレー）コイルを組み合わせて表します．表 2-6 に JIS による継電器コイルの図記号を示します．

(8) 実体配線図の例

リレーを使った，簡単な回路を作ってみましょう．図 2-31 はスイッチとリレーを組み合わせて，スイッチを押すことによって，ランプを点灯させる回路です．この場合，ランプは 24 V で点灯可能でなければなりません．また，リレーの電磁石も直流 24 V で動作可能である必要があります．

図 2-32 は，交流電源を使ったモータの駆動回路です．リレーを 2 個使って，モータが動いているときは赤，停止しているときは緑のランプが点灯するようにしています．交流 100 V に対応したリレーを使用することによって，回路を簡単にしています．

図 2-29 プリント基板用マイクロリレーの例

図 2-30 電磁接触器の例

表2-6 継電器コイルの図記号

図記号	説明	図記号	説明
□	継電器コイル（一般図記号）	~	交流感動形継電器コイル
□□	2巻線をもつ作動装置で，結合表示したもの	⊃⊂	機械的共振形継電器コイル
□ □	2巻線をもつ作動装置で，分離表示したもの	⊠	機械的ラッチング形継電器コイル
■□	遅緩復旧形継電器コイル	∎□	有極形継電器コイル
⊠	遅緩動作形継電器コイル	／	レマネント形継電器コイル
⊠	遅緩動作形および遅緩復旧形継電器コイル	⊐	熱動継電器で構成される作動装置
‖	高速動作形継電器コイル	⊬	電子式継電器で構成される作動装置
▬	交流不感動形継電器コイル		

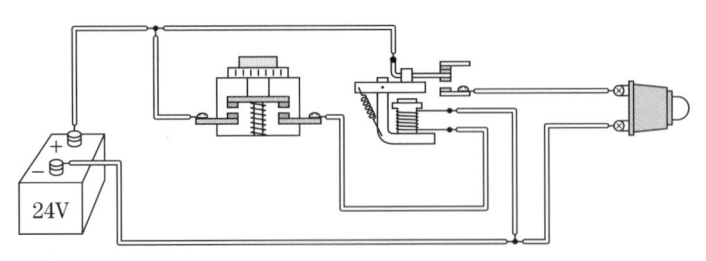

図2-31 リレーによるランプの点灯回路

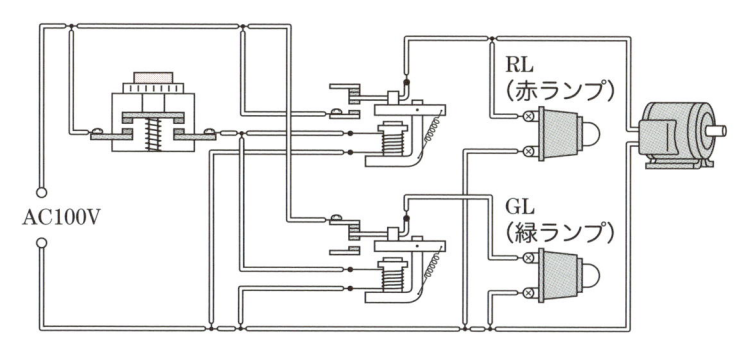

図 2-32　リレーによるランプとモータ駆動回路

(9) **シーケンス図の例**

先ほどの実体配線図を，シーケンス図に描き換えてみましょう．電源を，上下に配置する縦書きシーケンス図で描いてみます．

図 2-31 のランプ点灯回路は**図 2-33** のようになります．図 2-32 のモータ駆動回路は**図 2-34** のようになります．図記号を用いると，シーケンス図をすっきりと描くことができます．ただし，図 2-34 のように，リレーや接点が複数になると，機器間の対応

図 2-33　ランプの点灯回路のシーケンス図の例

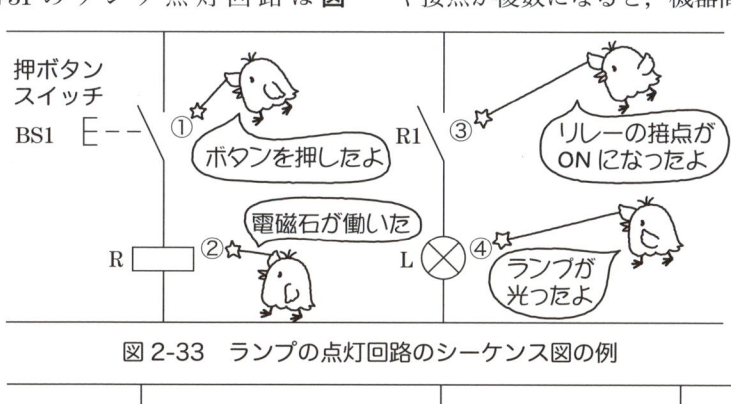

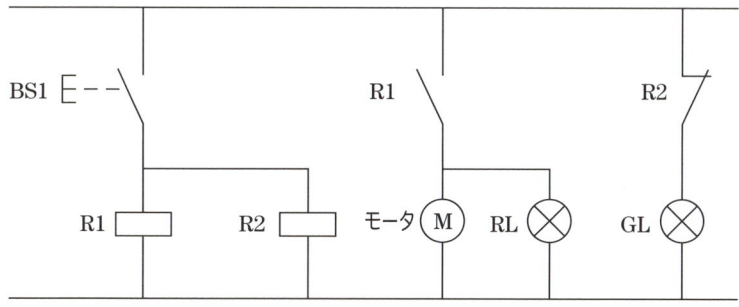

図 2-34　モータ駆動回路のシーケンス図の例

2-2　リレーの働き

が分かりにくくなってきます．シーケンス図の目的は，図を見る人に制御の方法や，機器のつながり方を分かりやすく知らせることにあります．そこで，シーケンス図には定められたルールがあります．

⑩　シーケンス図のルールその1：電源の省略

シーケンス制御の制御回路には，直流電源または，交流電源が用いられます．交流電源の場合は単相交流が用いられますので，制御回路の電源は2本の電線で表すことができます．どちらの場合も，電源の記号は省略するのが決まりです．

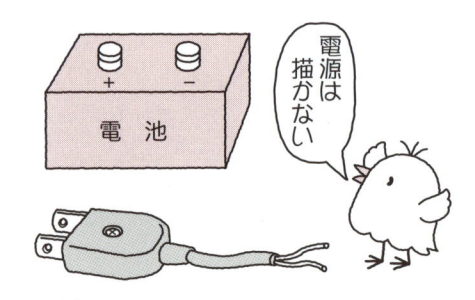

⑪　シーケンス図のルールその2：制御の流れ

シーケンス制御は，スタートスイッチが押されたり，定められた時刻に鳴ったりするなど，あらかじめ決められた条件で制御が開始されます．そして，制御回路が順次働いていく決まりです．シーケンス図は，これらの制御の流れに沿って描いていきます．**図2-35**のように，(a)縦書きの場合は左から右，(b)横書きの場合は上から下へと制御の流れを描くのが決まりです．

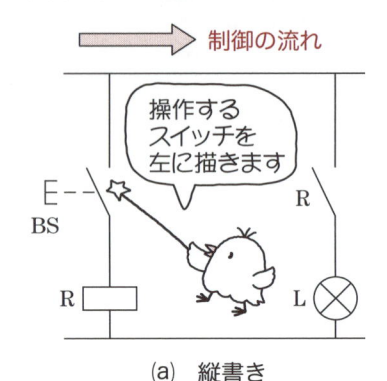

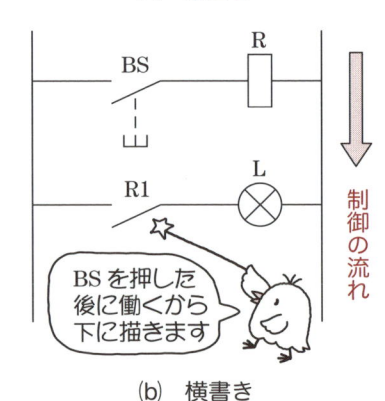

(a) 縦書き

(b) 横書き

図2-35　制御の流れに沿って

⑫　シーケンス図のルールその3：図記号の配置

シーケンス図では，図記号は休止状態（操作されていない状態）で描くのが決まりです．また，図記号は**図2-36**のように，(a)縦書きの場合は接点が左から右へ動作するように配置し，(b)横書きの場合は下から上へ動作するように配置します．

(a) 縦書き
「左から右へ動作するように描く」

(b) 横書き
「下から上へ動作するように描く」

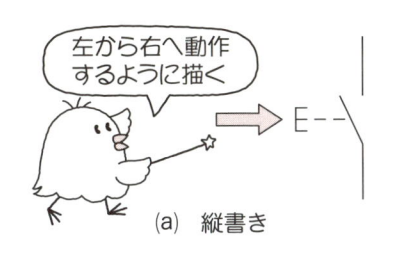

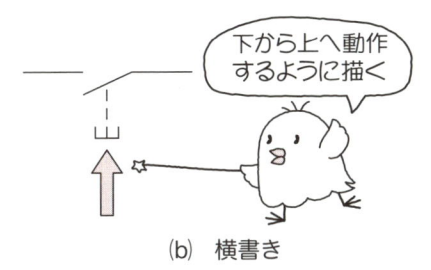

図 2-36　図記号の配置

⒀　シーケンス図のルールその４：文字記号

シーケンス図に，各機器の働きを書き込めば，より分かりやすくなります．そのような場合に，始動スイッチとか停止スイッチなどという表現を用いると，図面が煩雑になります．そこで，

停止機能を持つ押しボタンスイッチを表す場合の例

BS — STP

機器を表す記号　動作や機能を表す記号

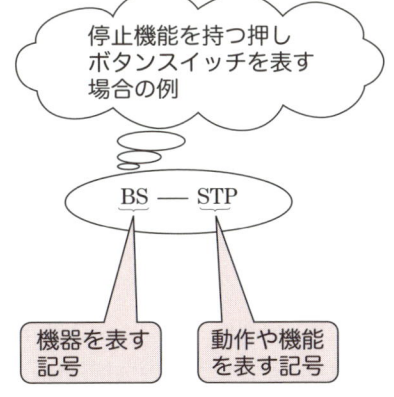

図 2-37　文字記号を使った表記例

日本電機工業会（JEMA）により定められた規格である JEM1115 に基づいた文字記号が使われます．文字記号には，機器を表す記号と動作や機能を表す記号があり，**図 2-37** のように両者を組み合わせて表します．

表 2-7　動作や機能を表す文字記号

用語	文字記号	外国語（参考）
操作	OPE	Operation
復帰	RST	Reset
自動	AUT	Automatic
手動	MAN	Manual
駆動	D	Drive
制動	B	Breaking
始動	ST	Start
停止	STP	Stop
正	F	Forward
逆	R	Reverse
左	L	Left
右	R	Right
前	FW	Forward
後	BW	Backward
閉	CL	Close
開	OP	Open
昇	R	Raise
降	L	Lower
上	U	Up
下	D	Down
保持	HL	Holding
切り替え	CO	Change-over
インタロック	IL	Interlocking
解除	R	Release
遮断	B	Breaking
非常	EM	Emergency

表 2-8　機器を表す文字記号

用語	文字記号	外国語（参考）
電磁カウンタ	MCO	Magnetic counter
継電器	R	Relay
限時継電器	TLR	Time-lag relay
フリッカ継電器	FCR	Flicker relay
スイッチ（開閉器）	S	Switch
ヒューズ	F	Fuse
遮断器	CB	Circuit-breaker
配線用遮断器	MCCB	Molded-case circuit-breaker
電磁接触器	MC	Electromagnetic contactor
電磁開閉器	MS	Electromagnetic switch
ボタンスイッチ	BS	Button switch
トグルスイッチ	TGS	Toggle switch
切換えスイッチ	COS	Change-over switch
非常スイッチ	EMS	Emergency switch
リミットスイッチ	LS	Limit switch
フロートスイッチ	FLTS	Float switch
近接スイッチ	PROS	Proximity switch
光電スイッチ	PHOS	Photoelectric switch
圧力スイッチ	PRS	Pressure switch
温度スイッチ	THS	Thermo switch
電磁弁	SV	Solenoid valve
抵抗器	R	Resistor
照明灯	L	Lamp
蛍光灯	FL	Fluorescent lamp
ベル	BL	Bell
ブザー	BZ	Buzzer
チャイム	CH	Chime

表2-7と表2-8に文字記号を示します．

⑭　**シーケンス図のルールその5：端子記号**

シーケンス図を見ながら，実際に配線作業や点検作業を行う場合に，図面上の配線が機器のどこにつながっているのかを明確にすることは，非常に重要です．そこで実際の機器には，**図2-38**のような端子番号が表示されて

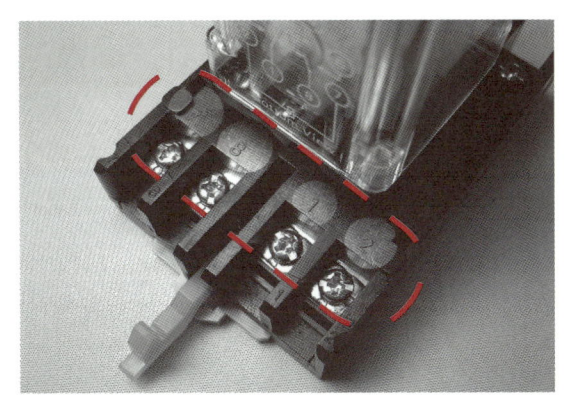

図 2-38　端子番号の例（リレー）

います．このため，図面に端子番号を示せば各種作業を効率よく行うことができます．

⑮ **シーケンス図のルールその６：回路番号参照方式と区分参照方式**

リレーの場合，**図 2-39** のように１つの駆動コイルで複数の接点を同時に働かす場合がほとんどです．そこで駆動コイルと，複数の接点の対応を明確にする方法が必要です．

(a)　**回路番号参照方式**

回路番号参照方式では，シーケンス図の各回路に回路番号を付けます．番号は，**図 2-40** のように，縦書きの場合は，左から右へと番号が大きくな

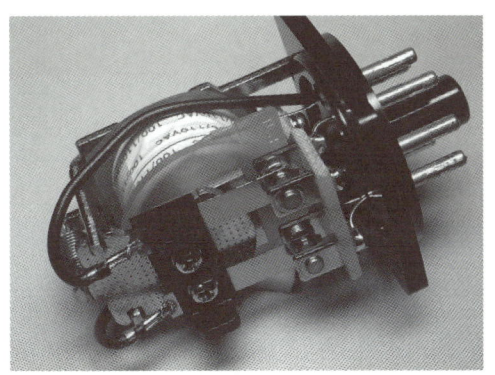

図 2-39　リレーの接点部の例（拡大）

2-2　リレーの働き

るようにします.

　横書きの場合は上から下へと大きくなるようにします．横書きの場合，リレーの駆動コイルがある図記号の下の位置に，駆動する接点が含まれる回路番号を表記します．

(b) 区分参照方式

　図2-41は，設計図面で使われる区分参照方式の例です．このように図面の列番号には数字，行番号にはアルファベットが記載されています．ちょうど地図のようになっていて，索引で場所を探すのと同じ要領です．縦位置と，横位置で表された一角を区分といいます．

　縦書きの場合，**図2-42**のように

図2-40　回路番号参照方式の例

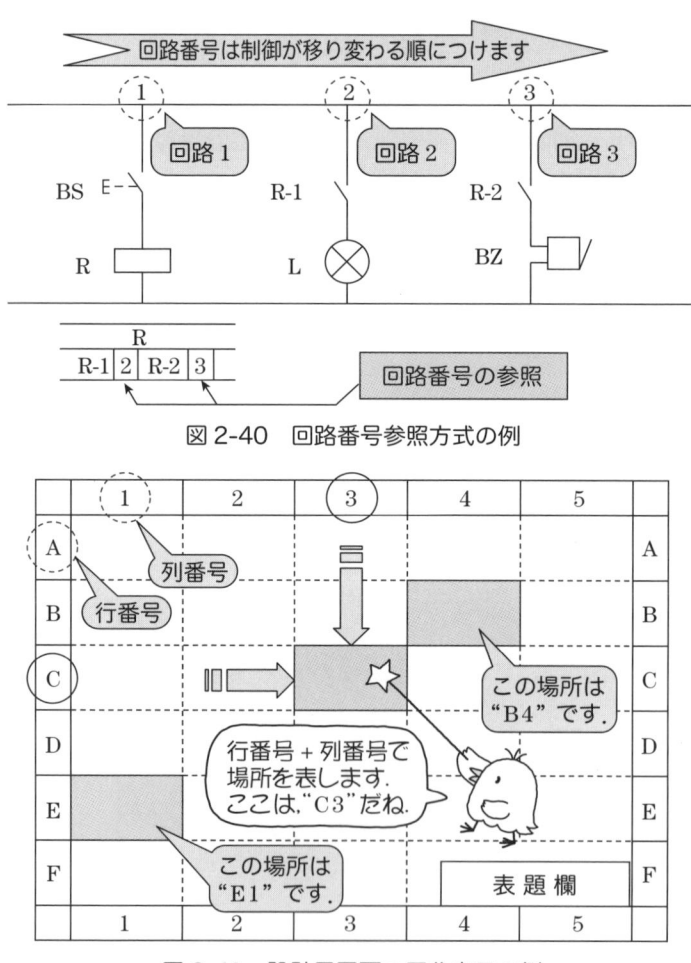

図2-41　設計用図面の区分表示の例

リレーの駆動コイルの図記号がある下の位置に，駆動する接点が含まれる区分を表記します．

⒃ **まとめ**

シーケンス図のルールに従って，図2-32のランプとモータの駆動回路を描き直したのが**図2-43**です．ただし，シーケンス図の描き方は，企業や組織の中で独自の取り決めを行っている場合もあります．本書でも今後の説明においては，誤解の生じない範囲で簡略した表記を用いることにします．

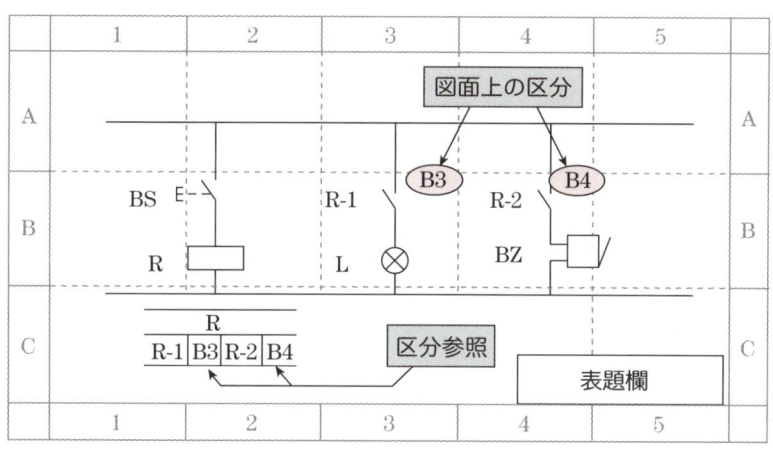

図2-42 区分参照方式の例

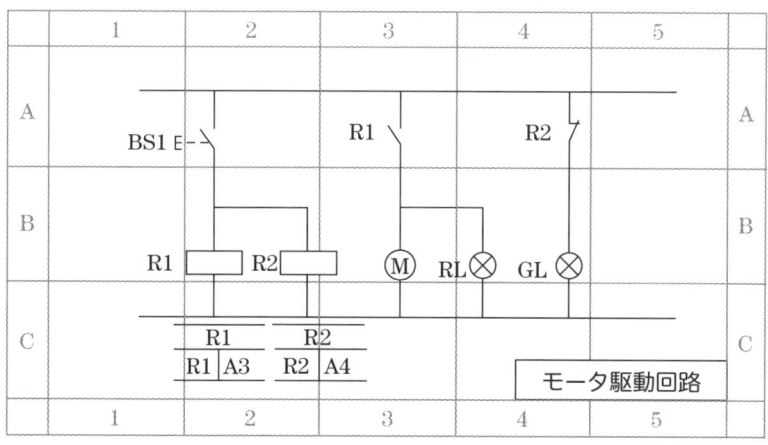

図2-43 区分参照方式によるモータ駆動回路の例

■ 2-2 リレーの働き ■　　　　　　　　　　　　　　　　　　　　■ 49 ■

2-3 タイマの働き

(1) タイマとは

タイマは，リレーとともにシーケンス制御で重要な働きをする機器です．リレーは，駆動コイルに電流が流れると，瞬時に接点が作動します．このような動作を瞬時動作といい，その接点を瞬時接点といいます．

これに対し，一定の時間だけ働いたり，一定時間だけ遅れて働いたりする動作を限時動作といい，その接点を限時接点といいます．限時接点を用いると，電動機を3秒間だけ働かせたり，スイッチを切っても，冷却ファンが3分間だけ遅れて切れるようにしたりする制御の実現が可能になります．**図2-44**は，タイマの例です．ダイアルを回すことによって時間を設定するようになっています．タイマを図記号で表す場合は，電磁継電器と同様に，継電器コイルと接点を組み合わせます．**表2-9**に，限時接点の図記号を示します．

(2) タイマの仕組み

タイマは，時間を計る方法によって，アナログ方式とディジタル方式に分けられます．

ⓐ 機械式（アナログ方式）

機械式のタイマは，電気時計の仕組みを応用しています．交流電源の周波

図2-44 タイマの例

表2-9 限時接点の図記号の例

図記号	説明
	限時動作瞬時復帰のメーク接点
	瞬時動作限時復帰のメーク接点
	限時動作瞬時復帰のブレーク接点
	瞬時動作限時復帰のブレーク接点
	限時動作限時復帰のメーク接点

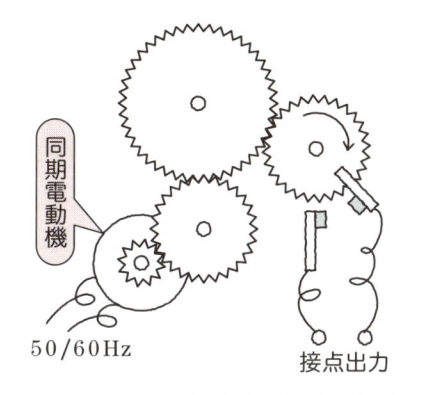

数に合わせて回転する同期電動機と歯車機構を組み合わせ，一定時間後に接点が働く限時動作をする仕組みになっています．

機械式の特徴は，基本的に交流電源でなければ使用できない点です．しかも，同期電動機を使用するため，50 Hz と 60 Hz ではダイアルの目盛が変わってきます．同期電動機を，水晶振動子を用いたクォーツ式電動機に置き換えたタイマもあります．その場合，交流・直流で使用でき，目盛は1つにできます．

(b) **電子式（アナログ方式）**

電子式の多くは，抵抗とコンデンサによる過渡現象を応用しています．**図 2-45**(a)のように抵抗とコンデンサを直列接続すると，コンデンサの端子電圧 V_C は図2-45(b)のように変化します．抵抗 R を大きくすると V_C はゆるやかに上昇し，R が小さいと，V_C は急速に上昇します．この現象を利用すると，任意の時間を計時できます．

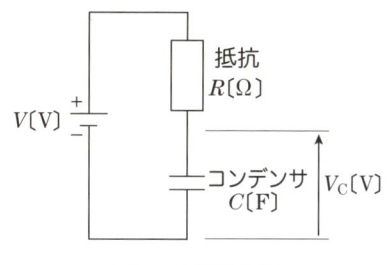

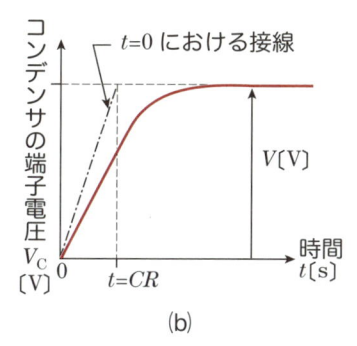

図 2-45 電子式タイマの原理

電子式の特徴は，短時間向きであることです．長時間では，コンデンサの端子電圧の変化を検出することが難しくなります．また，電気的なノイズの影響を受けやすいので注意が必要です．

(c) **ディジタル方式**

ディジタル方式は，内部に水晶発振回路を持ち，すべての動作がディジタル的に処理されるタイマです．

時間設定部分もディジタル方式になっており，短時間から長時間まで高精度で動作しますが，価格はアナログ方式より高くなる傾向があります．正確な時間精度を求められる場合に向い

ている方式です．

(3) 内部接続図の見方と使い方

実際にタイマを使うときは，そのタイマ内部の接点や，駆動コイルの接続状態を知る必要があります．**図2-46**は実際のタイマの内部接続図の例です．限時接点と，瞬時接点，駆動コイルで構成されています．

図の中の①から⑧は，端子番号です．はじめてタイマの内部接続図を見ると，接点が外部に書いてありますので，理解に苦しむことがあるかもしれませんが，各接点はタイマの端子から見た内部の接続状態を表しています．接点をさらに多数持つタイマもあります．

例えば，端子番号⑤⑥⑧の限時接点は，

　　⑧－⑤　限時動作瞬時復帰のブレーク接点
　　⑧－⑥　限時動作瞬時復帰のメーク接点

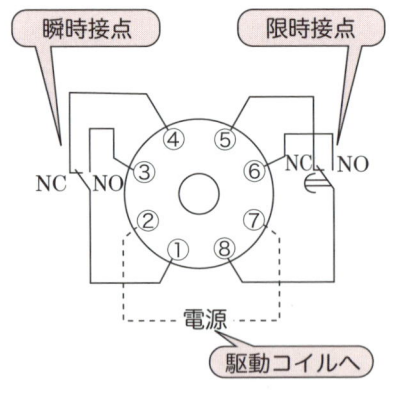

図2-46　タイマの内部接続図の例

として働きます．

(4) タイマの動作例とタイムチャート

図2-46に示したタイマの動作を，時間を追ってたどってみましょう．

1　駆動コイル②－⑦に電源が供給される
2　瞬時接点が働く
　　①－③＝ON
　　①－④＝OFF
3　設定された時間が経過する
4　限時接点が働く
　　⑧－⑥＝ON
　　⑧－⑤＝OFF
5　駆動コイル②－⑦の電源が切断される
6　瞬時接点が瞬時復帰する
　　①－③＝OFF
　　①－④＝ON
7　限時接点が瞬時復帰する
　　⑧－⑥＝OFF
　　⑧－⑤＝ON

このように，箇条書きにしたり，文字で説明したりすることもできますが，複雑な動作になりますと，大変分かりづらくなり，間違いにも気づきにくくなります．

そこで，考えられたのがタイムチャートです．タイムチャートは，時間の経過とともに制御回路の接点やランプ，駆動コイルなどの状態を表した図です．

(5) タイムチャートの書き方

タイムチャートの横軸は，時間の経過を表します．通常のグラフなどでは，1目盛が1分というように目盛を付けますが，タイムチャートでは各接点などが働くタイミングの時間的な前後関係を表します．したがって，タイマなどの設定時間を明確に記述したいときは，その部分に具体的な時間を書き込みます．

タイムチャートの縦（上下）軸は，スイッチやリレーの接点，駆動コイルなどの各機器を具体的に描きます．制御が上から下方向に移っていくように描くことが原則です．したがって，スタートスイッチなどは最上段に来ることになります．

さらに，各機器ごとの状態を横軸の方向に書き込んでいきます．例えば，ランプであれば"点灯"，"消灯"などというように書き込みます．このとき，チャートの線を高い状態と低い状態に対応させます．

このようにして，図2-46のタイマの動作をタイムチャートにした例が，**図 2-47** です．先ほど，箇条書きにした動作の説明と比べてみると，明らかに分かりやすいのではないでしょう

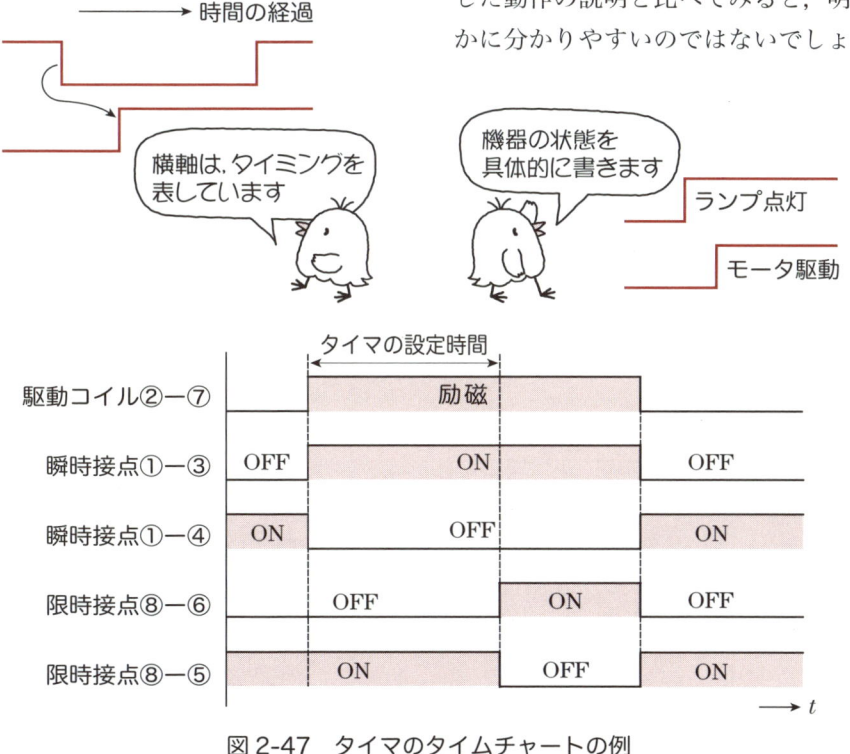

→ 時間の経過

横軸は，タイミングを表しています

機器の状態を具体的に書きます

ランプ点灯

モータ駆動

		タイマの設定時間		
駆動コイル②-⑦		励磁		
瞬時接点①-③	OFF	ON		OFF
瞬時接点①-④	ON	OFF		ON
限時接点⑧-⑥	OFF		ON	OFF
限時接点⑧-⑤	ON		OFF	ON

→ t

図 2-47　タイマのタイムチャートの例

か.タイムチャートは,動作説明やシーケンス図とともに,シーケンス制御を表す重要な手段です.

(6) タイマの基本動作
(a) オンディレー動作

図 2-48 は,リレーのオンディレー動作と呼ばれます.タイマに電源が供給されてから,設定された時間が経過すると限時接点が ON の状態になります.図 2-49 は,オンディレー動作を使って,トグルスイッチ TGS を ON にしてから,一定時間後にランプ L を点灯する回路です.ランプが点灯した後,トグルスイッチ TGS を OFF にすると,ランプ L も同時に消灯します.そのようすを,タイムチャートで表したのが,図 2-50 です.

最初に操作するトグルスイッチが一番上になります.トグルスイッチによって,タイマに電源が供給されますので,タイマ TLR が 2 段目にきます.さらに,一定時間後にタイマ TLR の限時動作メーク接点 TLR-m が作動し,最終的には,制御対象であるランプ L の回路に電流が流れます.各制御の段階を追って上から下に表していきます.

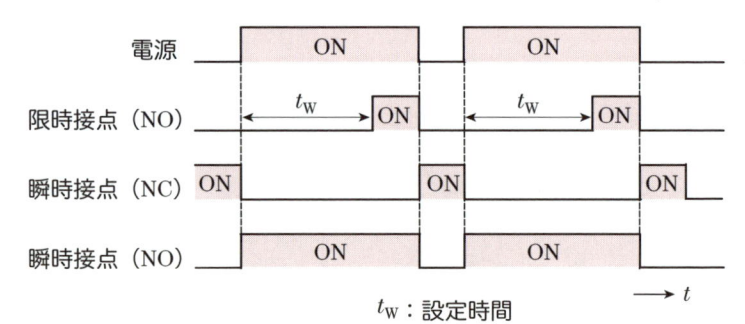

図 2-48 オンディレー動作

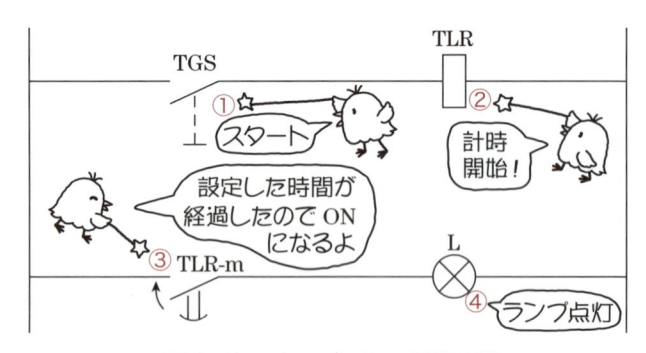

図 2-49 オンディレー回路の例

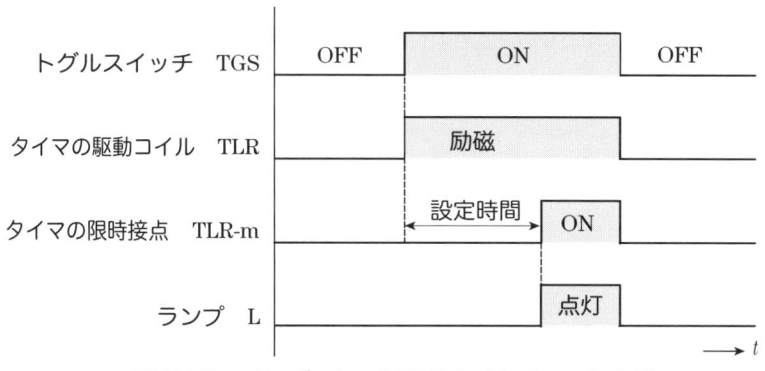

図 2-50 オンディレー回路のタイムチャートの例

(b) オフディレー動作

図 2-51 は，リレーのオフディレー動作と呼ばれます．タイマに，電源が供給されてから，設定された時間が経過すると限時接点が OFF の状態になります．

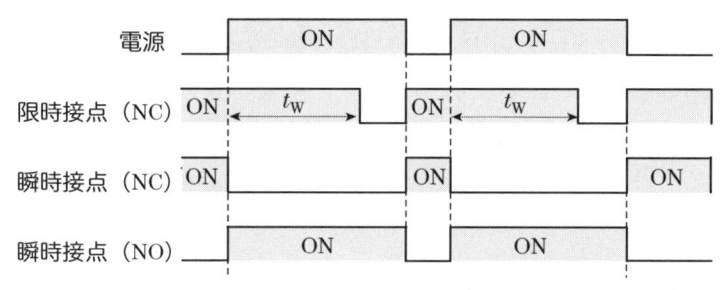

図 2-52 は，オフディレー動作を使って，点灯中のランプ L をトグル

図 2-51 オフディレー動作

t_W：設定時間 → t

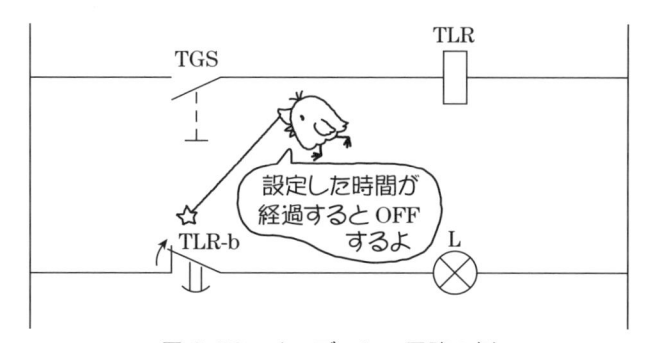

図 2-52 オンディレー回路の例

2-3 タイマの働き

図 2-53 オフディレー回路のタイムチャートの例

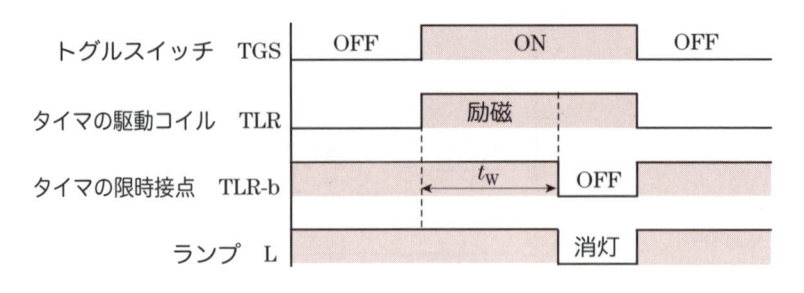

スイッチ TGS を ON にしてから，一定時間後に消灯する回路です．ランプが消灯した後，トグルスイッチ TGS を OFF にすると同時に，ランプは再び点灯状態になります．この動作を，タイムチャートにした例が**図 2-53** です．

(7) 高機能タイマ

タイマは，一定時間後に接点が働く機器です．一方，さらに高機能で，便利な働きをするタイマがあります．

図 2-54 は，電源のほかに，リセット入力接点, 開始 (スタート) 入力接点, 停止 (ストップ, ゲート) 入力接点の 3 つの入力接点を持ったタイマです．これらの接点を利用することによってタイマの応用範囲が広がります．その働きをタイムチャートを使って表してみます．

ⓐ リセット入力接点の働き

基本的なタイマ動作では，一度動作した限時接点を復帰させるために，電源を切る必要があります．これをリセット操作といいます．リセット入力接点を持つタイマを使うと，**図 2-55** のように，タイマの電源をつないだままリセット操作を行うことができます．

ⓑ 開始 (スタート) 入力接点の働き

開始入力接点は，タイマの計時を開始するための入力接点です．電源が ON の状態で，スタート入力を ON にすると，接点出力 (NO) は ON になり，設定時間後 OFF になります．

次に，スタート入力を OFF にする

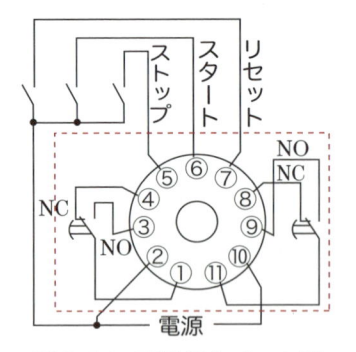

図 2-54 高機能タイマの例

第 2 章 シーケンス制御を構成する機器

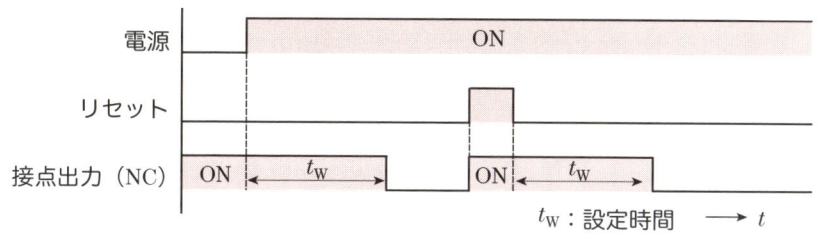

図 2-55　リセット入力接点の働きの例

と，接点出力（NO）は ON になり，設定時間後 OFF になります．スタート入力接点の働きを，図 2-56 に示します．電源 OFF または，リセット入力でリセット操作を行います．

(c) **停止（ストップ，ゲート）入力接点の働き**

停止入力接点は，タイマの計時動作を停止するための接点です．図 2-57 に，この接点の働きを示します．何らかの理由で，一時的に計時動作を停止させたいときに使われます．例えば機械の動作時間の積算などにも応用することができます．

(8) **高度なタイマ動作**

(a) **フリッカ動作**

ランプを点滅させたり，ブザーを一定間隔で鳴動させたりするフリッカ動作を実現しようとすると，多数のリレーとタイマが必要になります．そ

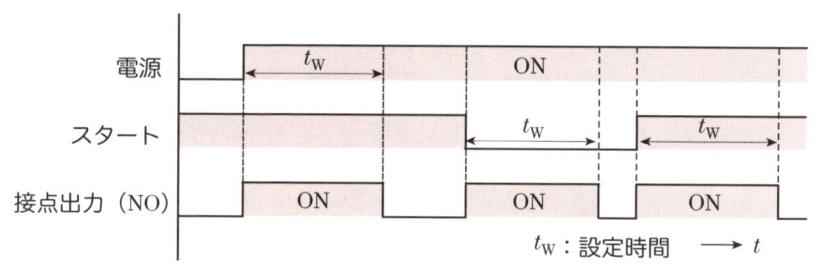

図 2-56　開始（スタート）入力接点の働きの例

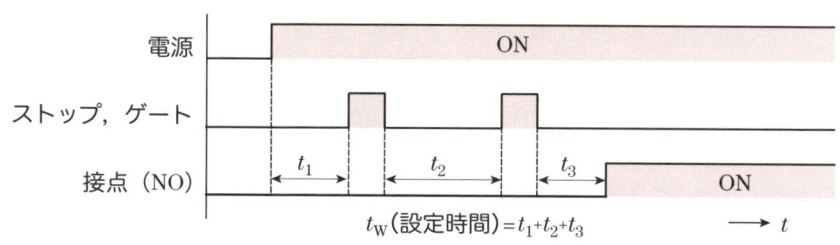

図 2-57　停止（ストップ，ゲート）入力接点の働きの例

2-3　タイマの働き

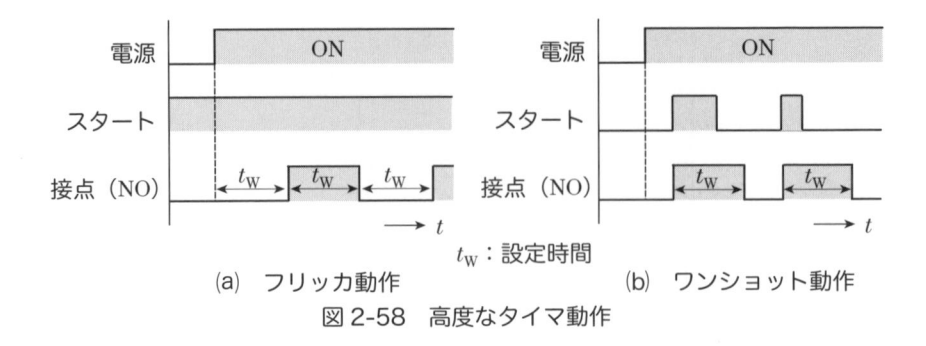

(a) フリッカ動作　　(b) ワンショット動作

t_W：設定時間

図 2-58　高度なタイマ動作

のようなとき，1台のタイマで制御を可能にすることができます．**図 2-58**(a)は，フリッカ動作の例です．一定間隔で，接点がON-OFFを繰り返します．

(b) **ワンショット動作**

製造現場では，包装のため2秒間だけヒータで加熱するなど，一定時間だけ機械を動かしたい場合が度々あります．図 2-58(b)は，ワンショット動作の例です．この動作は，センサなどと組み合わせて使うことができます．

2-4 センサを使ったスイッチの働き

(1) センサとスイッチ

押しボタンスイッチは，手動で接点を働かせる部品でした．しかし，シーケンス制御では，温度が一定値に達したときや，物体が一定の位置にきたときに働くスイッチが欲しい場合があります．

温度や光，音などを感じ取り，電気信号に変換してくれる素子をセンサといいます．シーケンス制御では，センサから得られた電気信号を処理し，ON-OFFの状態に変換してくれる部品もスイッチと呼びます．

表2-10に，センサを使ったおもなスイッチをまとめました．

(2) 光電スイッチ
ⓐ 仕組み

光電スイッチとは，光によって物体を検出するスイッチです．図2-59は光電スイッチの外観例です．光電スイッチには，その構造により，図

図2-59 光電スイッチの外観例

表2-10 センサを使ったおもなスイッチ

種類	検出素子・回路方式	応用例
光電スイッチ	赤外発光ダイオード，ホトトランジスタ	物体の通過検出，回転数の検出，防犯用
近接スイッチ	静電容量式，誘導コイル式	物体の接近検出，位置の検出，物体の通過回数の計数
フロートスイッチ	リードスイッチ，ホール素子	液体の液面の上昇，下降の検出
圧力スイッチ	抵抗ひずみセンサ，ダイアフラムスイッチ	気体の異常圧力の検出，重量検出
温度スイッチ	サーミスタ，抵抗温度素子，熱電対	温度検出，一定温度の維持
磁気スイッチ	ホール素子	磁界の検出，回転数の検出，位置の検出
人検出スイッチ	焦電形赤外線センサ	自動ドア，防犯用

(a) 透過形　　　　　　　　　　　(b) 反射形

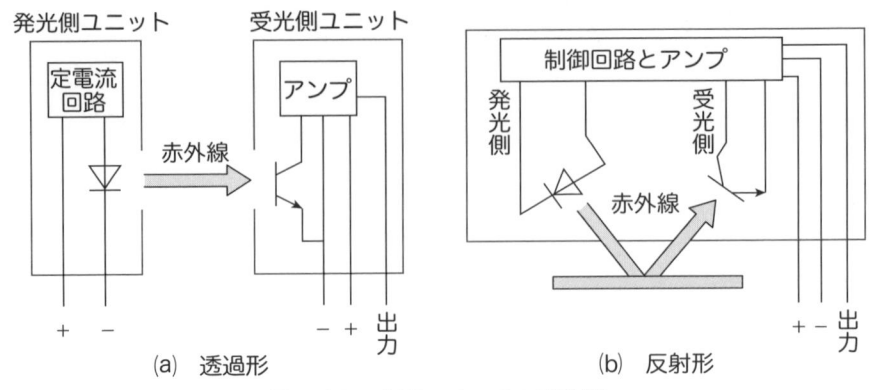

図 2-60　光電スイッチの構造例

2-60(a)のような透過形と(b)のような反射形があります．いずれの場合も発光側ユニットと受光側ユニットを持っています．発光側は光を発しますが，ここで使われる光は赤外線が一般的です．光源には，電球のような球切れの心配がほとんどない赤外発光ダイオードが使われます．

受光側は，ホトトランジスタが一般的に用いられます．ホトトランジスタとはトランジスタの一種で，光を受けることにより電流を流しやすくなる性質を持っています．ただし，ホトトランジスタだけでは，スイッチの働きを十分に果たせないため，ホトトランジスタからの信号を増幅するアンプを内蔵しています．アンプとは本来，小さな信号を大きな信号に増幅する働きをします．また，制御装置などでは増幅作用のほか，信号を変換してスイッチを動作させる働きを併せ持つ装置を，アンプということがあります．

(b) **用途**

光電スイッチは，何らかの物体が光を遮（さえぎ）ったり，光を反射する状態を検出する部品です．反射形の場合，物体の表面が汚れていると，光を反射しにくくなり誤動作や検出距離の低下が生じます．そこで，反射板を貼り付けることがあります．

光電スイッチの用途は幅広く，多岐にわたっています．そのいくつかを**図 2-61**に示しました．図 2-61(a)は，バスの乗降口に人がいるかどうかを検出する例です．ドアが開閉するとき，人がいると危険ですので，ほとんどのバスに設置されています．(b)は，工場のベルトコンベアの上を通る製品を数える例です．光電スイッチの働いた回数を電気的に数えるときに使います．(c)は，防犯用の例です．光電スイッチは，目に見えない赤外線が使われてい

(a) バスのステップ　　(b) 製品の計数

(c) 防犯　　(d) 回転数の検出

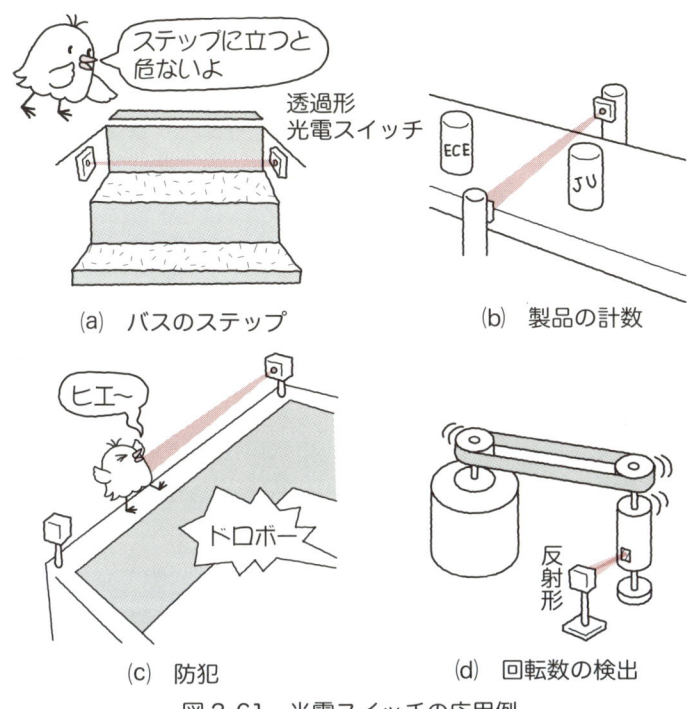

図 2-61　光電スイッチの応用例

るので，侵入者は気がつきません．(d)は，反射形光電スイッチを使い，機械の回転数や位置を検出する応用例です．

(c) 光電スイッチを使う上での注意

光電スイッチは，光を使います．したがって埃や油が，センサ部分に付着するとスイッチが働かなくなります．特に工作機械のそばなどでの使用には注意が必要です．

(3) 近接スイッチ

(a) 仕組み

近接スイッチとは，物体が接近した場合に反応するスイッチです．光電スイッチには，検出距離が 10 m 以上の機器もありますが，近接スイッチは物体が近づいたときに働くスイッチです．その仕組みには，静電容量式，誘導コイル式があります．

図 2-62 に静電容量式近接スイッチの外観例を示します．静電容量式は，接近した物体の影響で内部の発振回路の周波数が変化することを検出し，スイッチが働く仕組みになっています．発振回路には，様々な方式の回路がありますが，**図 2-63** のようにコンデンサとコイルの相互作用を利用して発振回路を作ることができます．

図2-62　静電容量式近接スイッチの例

　発振回路は，得られる周波数が安定していることが重要ですが，コンデンサやコイルに金属などが近づくと周波数が変動したり，発振が停止したりしてしまいます．近接スイッチでは，この性質を積極的に応用して物体の検出を行います．静電容量式近接スイッチの中には，金属以外の物体を検出できる機種もあります．

　図2-64は，誘導コイル式近接スイッチの例です．誘導コイル式の場合も，静電容量式と同じく発振回路のコイルに金属などの物体が近づくことにより発振回路の周波数が変動することでスイッチが働くようになっていま

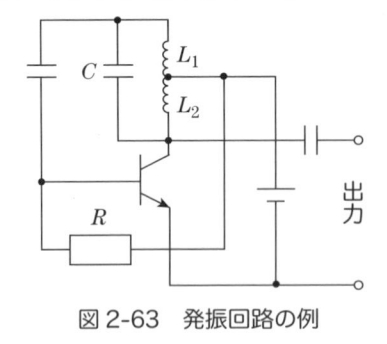

図2-63　発振回路の例

図2-64　誘導コイル式近接スイッチの例

す．

　近接スイッチの動作原理を，**図2-65**に示します．(a)は静電容量式，(b)は誘導コイル式です．静電容量式は，静電容量の変化によって物体の検出を行うため，非金属製の物体の検出が可能なスイッチもあります．

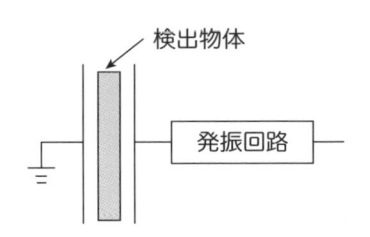

(a)　静電容量式

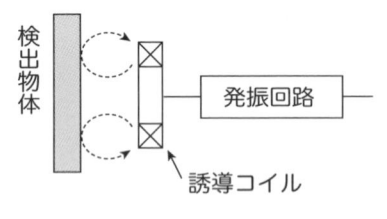

(b)　誘導コイル式

図2-65　近接スイッチの動作原理の例

(b) **用途**

近接スイッチは，その名のとおり物体が近づいたときに接点が働きます．応用例として，**図 2-66**(a)のようなドアの開閉状態の検出や，誘導コイル式を用いて，**図 2-66**(b)のような自販機へのコイン投入の検出にも使えます．

(c) **近接スイッチを使う上での注意**

静電容量式，誘導コイル式いずれの場合も非接触で物体を検出します．そこで，検出しようとする物体の材質によりスイッチの感度が異なる点に注意が必要です．つまり，同じ金属製であっても，アルミニウムと鉄では検出距離に差が生じます．

(4) **フロートスイッチ**

(a) **仕組み**

フロートスイッチは，容器に入っている液体の液面が上下することによって動作します．**図 2-67**(a)は実際のフロートスイッチの例です．フロートとは浮きのことで，(b)のように液面の変化に応じて動作します．

(a) **フロートスイッチの例**

内部の構造は，**図 2-68**のようになっています．フロートの中には磁石が入っています．また，本体の中にはリードスイッチが入っています．リードスイッチは，**図 2-69**のように普段はOFFですが，磁界が加わると接点がONになります．

(b) **用途**

水をはじめ，油や溶液などをタンクに入れて保管したり，使った分だけポンプで補充したりすることがあります．**図 2-70**は，水道用の高架水槽にフロートスイッチを応用した例です．水面が，一定のレベルより低くなったことを検出し，ポンプを働かせ給水することで水面を常に一定に保つことができます．

(c) **フロートスイッチを使用する上での注意**

水をはじめ，多くの液体は金属を腐食させる作用を持っています．液体が

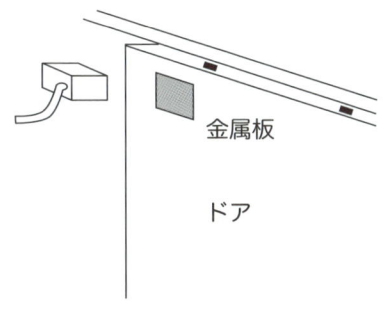

(a) ドアの開閉状態の検出

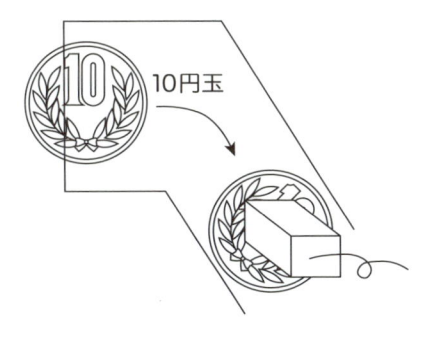

(b) 自販機へのコイン投入の検出

図 2-66　近接スイッチの応用例

2-4　センサを使ったスイッチの働き

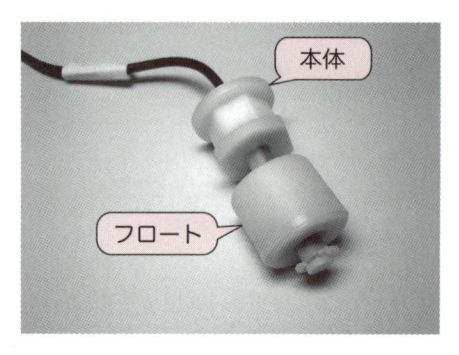

(a) フロートスイッチの例　　　(b) フロートの働き

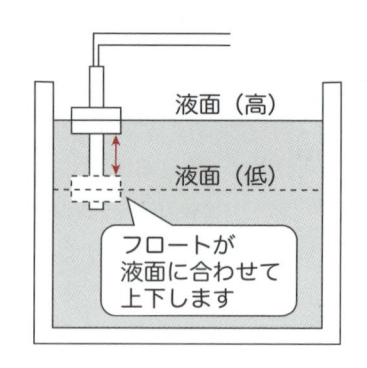

図2-67　フロートスイッチ

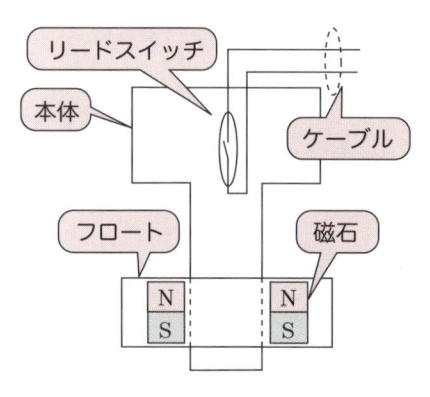

図2-68　フロートスイッチの構造例

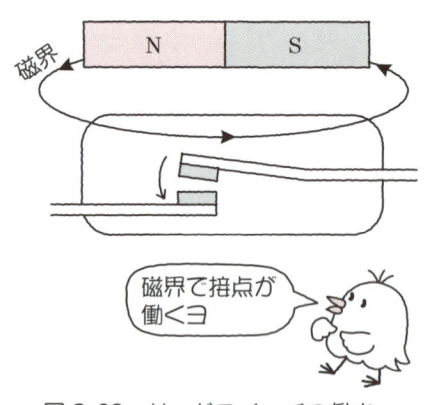

図2-69　リードスイッチの働き

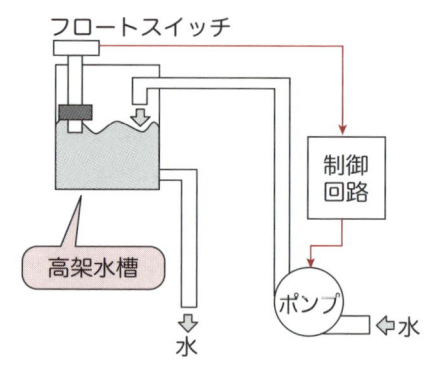

磁界で接点が働くヨ

図2-70　フロートスイッチの応用例

浸入して腐食しないようにスイッチの取り付け場所に注意するとともに，定期的に検査を行うことが重要です．

(5) 圧力スイッチ

(a) 仕組み

圧力スイッチは，気体や液体の圧力によって働くスイッチです．図2-71(a)は圧力スイッチの例です．通常は，埃や湿度から接点を守るためにカバーが付いています．内部の構造は，図2-71(b)のようになっており，圧力

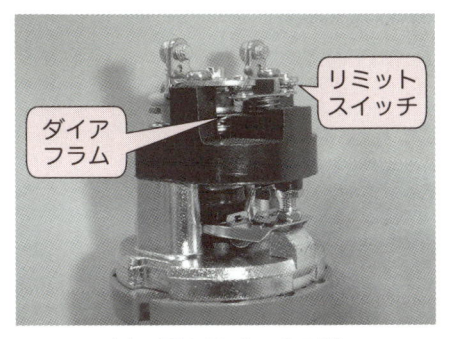

(a) 圧力スイッチの例

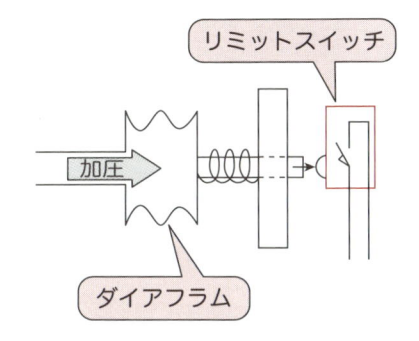

(b) 圧力スイッチの構造例

図2-71 圧力スイッチの例

が大きくなるとダイアフラムが変形してスイッチが働きます．圧力スイッチには，ダイアフラム式のほかに，電子的なセンサを用いることもあり，扱う圧力や求められる精度に応じて様々な製品があります．

(b) **用途**

工場などでは，空気圧を使った工具などがよく使われます．圧縮された空気の力を動力に変換して利用しますが，この圧縮空気を作る装置が圧縮機（エアコンプレッサ）です．**図2-72**

図2-72 圧力スイッチの応用例

はエアコンプレッサのタンクの圧力を一定に保つために取り付けられた圧力スイッチの例です．

(c) **圧力スイッチを使用する上での注意**

圧力スイッチに異常が起きると，圧力が大きくなりすぎてタンクが耐えられなくなり危険です．必ず安全弁などで安全の確保に留意することが必要です．

(6) **温度スイッチ(1)：サーモスタット**

(a) **仕組み**

サーモスタットは，古くからある機械式の温度スイッチです．一定の温度に達すると接点が働きます．

図2-73はサーモスタットの例です．内部の構造は，**図2-74**のようになっており，膨張率の異なる2種類の金属を接合したバイメタルと呼ばれる部分が，温度によって変形しスイッチを働かせる仕組みになっています．バイメタルは，温度が低いとき図

図 2-73　サーモスタットの例

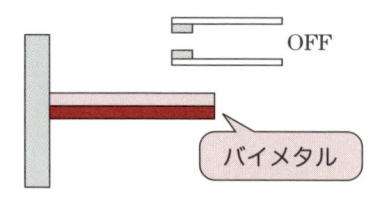

(a) 温度が低いとき

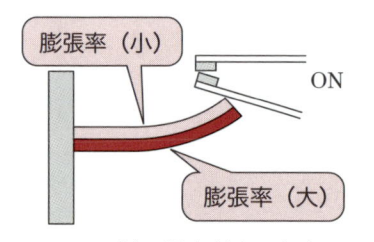

(b) 温度が高いとき

図 2-74　サーモスタットの構造例

2-74 (a)のような状態です．温度が高くなると，図 2-74 (b)のように，バイメタルは膨張率の小さい金属の方へ反るため，設定された温度になるとスイッチを働かせます．

(b) **用途**

サーモスタットは，簡単で安価な温度スイッチであるうえ，大きな電流を開閉することができるので，現在でも多くの分野に使用されています．図 2-75 は，サーモスタットと電気ヒータによる水槽の温度調整の例です．熱帯魚の水槽の温度調整も同じ仕組みです．

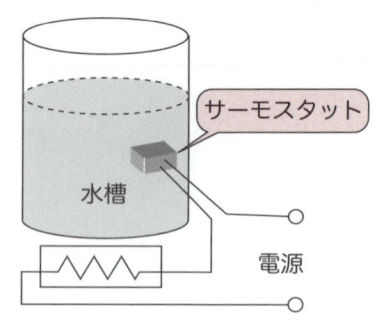

図 2-75　サーモスタットの応用例

(7) **温度スイッチ(2)：色々な温度センサ**

(a) **温度スイッチとセンサ**

温度スイッチは，気体や液体の温度によってが働きます．扱う温度によってセンサの種類も多く，センサとアンプの組み合わせでスイッチを構成することが一般的です．

(b) **測温抵抗体**

測温抵抗体は，金属の抵抗値が，温度とともに変化する性質を利用してい

ます．一般的な金属は，温度が上昇すると，抵抗値が上昇する正の温度係数を持ちます．

図 2-76 のように，温度が t_1〔℃〕のときの抵抗値を R_1〔Ω〕，t_2〔℃〕のときの抵抗値を R_2〔Ω〕とすれば，温度 t_1〔℃〕における温度係数 α_{t1}〔1/℃〕は式（2-2）で表されます．

$$\alpha_{t1} = \frac{R_2 - R_1}{t_2 - t_1} \cdot \frac{1}{R_1} \quad (2\text{-}2)$$

金属の温度係数はとても小さく，銅では 0.004〔1/℃〕程度です．実際の測温抵抗体には，安定した金属である白金を使ったものが多くあります．図 2-77 は実際の測温抵抗体の例で

す．測温抵抗体は，感度はよくありませんが，精度が高く -50℃程度から +400℃程度までの温度で使用されます．

(c) サーミスタ

サーミスタは，負の温度係数を持つ半導体センサです．図 2-78 は，サーミスタの特性例です．サーミスタは測温抵抗体に比べ感度が高く，安価であるため広く用いられていますが，半導体であるため高温には弱く，使用できる温度は，-50℃程度から +150℃程度であり，空調機の温度センサなどに広く使用されています．図 2-79 はサーミスタの例です．

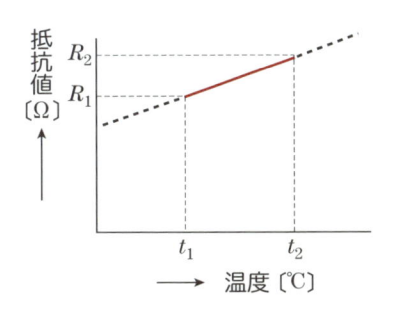

図 2-76 金属の温度と抵抗値

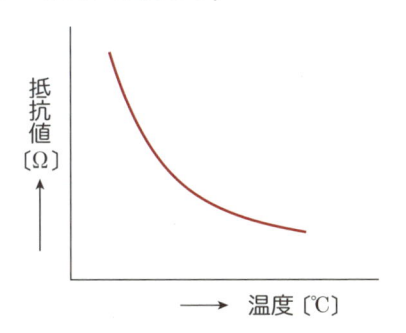

図 2-78 サーミスタの特性例

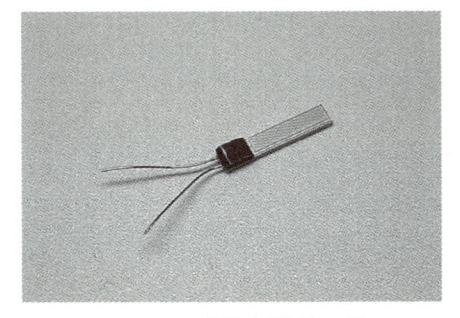

図 2-77 測温抵抗体の例

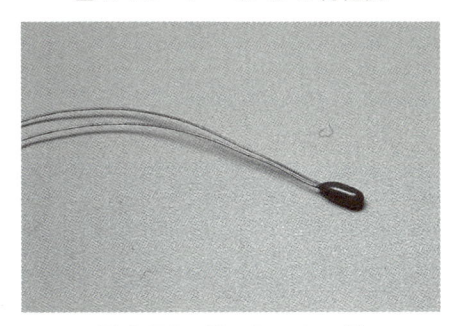

図 2-79 サーミスタの例

2-4 センサを使ったスイッチの働き

(d) 熱電対

図 2-80 のように，2 種類の金属を接合し，一方を加熱すると電流が流れます．このとき，発生する起電力を熱起電力といい，この現象を発見者の名を取って，ゼーベック効果といいます．発生する熱起電力の大きさや，その方向は組み合わせる金属の種類によって異なります．熱電対は，使用される金属の組み合わせや構造によりJタイプ，Kタイプ，Nタイプ，Tタイプに分類されます．

熱電対は工業用に幅広く使用され，使用温度範囲も低温から 1000℃ を超える多様な仕様の製品があります．図 2-81 は熱電対の例です．

(e) 温度スイッチを使う上での注意

温度スイッチは，その温度範囲と精度によって使用する種類を選ばなければなりません．また，物体の表面の温度を調べているつもりが，実は空気の温度を調べていた，などという失敗がないように，スイッチの設置にも注意が必要です．

(8) 磁気スイッチ

(a) 仕組み

磁気スイッチは，磁界によって働くスイッチです．フロートスイッチのところで説明した，リードスイッチも磁気スイッチの1つです．しかし，最近では，耐久性や信頼性の面から，ホール素子を使った電子的な磁気スイッチが多く使われます．

図 2-82(a)は，ホール素子の原理を示しています．半導体にはn形とp形の2種類があります．n形は，マイナスの電荷を持った電子が，電荷を運ぶ役割を果たします．p形はプラスの電荷を持ったホールが，電荷を運ぶ役割を果たします．図 2-82(a)のように，これらの半導体に電流を流し，磁界を加えると，表面に電位差が現れます．この現象を，ホール効果といい，発生する電圧 V は磁界の磁束密度 B と電流 I の積に比例します．図 2-82(b)は実際のホール式磁気スイッチの例で

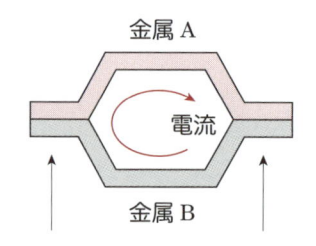

図 2-80　ゼーベック効果

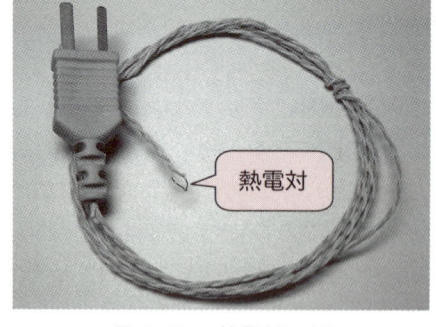

図 2-81　熱電対の例

電流 ← → 磁界

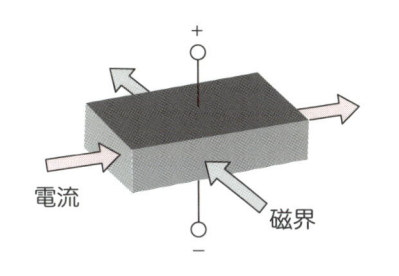

(a) ホール効果（p形半導体の場合）

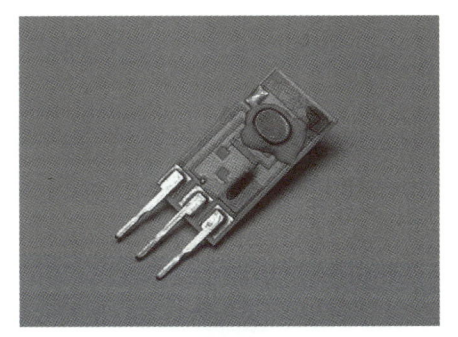

(b) ホール式磁気スイッチの例

図2-82　電子式磁気スイッチ

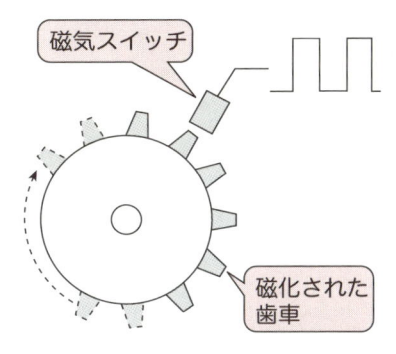

図2-83　磁気スイッチの応用

磁気スイッチ／磁化された歯車

す．

(b) 用途

磁気スイッチの特徴は，汚れに対して強いということです．この特徴を生かして，モータの回転検出などに使われます．モータ類は，潤滑油などを使いますので，汚れに弱い光センサは適しません．**図2-83**は機械の回転検出に応用した例です．

モータなどの回転軸に，磁化された歯車を取り付けることにより，軸の回転に伴って，磁気スイッチから回転する速度に比例した電気信号が得られます．

(c) 磁気スイッチを使う上での注意

磁気スイッチは，埃や油汚れに対してはほとんど影響を受けませんが，磁界の強さは，距離が大きくなると急激に弱まります．磁気スイッチを使用する際は，検出可能な距離をしっかり把握することが重要です．

(9) 人検出スイッチ

(a) 仕組み

人体からは，体温によって微弱な赤外線が発せられています．焦電形赤外線センサにより，人体が発する赤外線を検知し人の存在を検出できるようになりました．**図2-84**は，焦電形赤外線センサの原理です．

強誘電体であるPZT（チタン酸ジルコン酸塩）などの物質は，分極作用を持っています．図2-84(a)のように，赤外線が当たっていない状態では，分極による電荷の片寄りが，空気中のプラスイオンとマイナスイオンによって中和され，電気的な平衡が保たれてい

2-4　センサを使ったスイッチの働き

(a) 赤外線入射なし

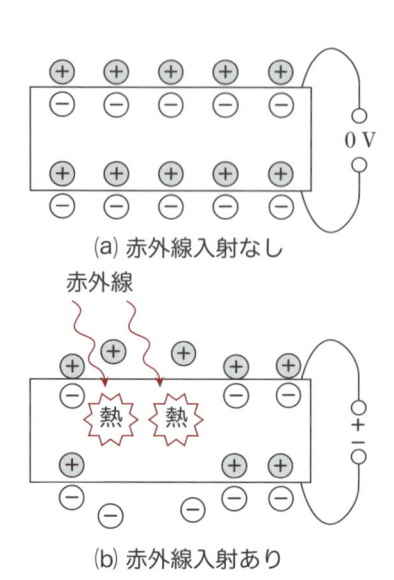

(b) 赤外線入射あり

図 2-84　焦電形赤外線センサの原理

　ます．しかし，図2-84(b)に示すように，赤外線が当たると赤外線によって発生した熱により分極が減少しますが，分極作用が減少する速度より，プラスイオンや，マイナスイオンの動く速度の方が遅いため，表面に電圧が現れます．この電圧を増幅することによって赤外線を検出することができます．

　図2-85(a)は，焦電形赤外線スイッチの例です．また，焦電形赤外線センサを使う場合では，非常に微弱な信号しか得られないことが多いため，赤外線の焦点を絞り，目的の方向からの赤外線をより受けやすくするために，図2-85(b)のようなフレンネルレンズを取り付けて使用します．

(a)　焦電形赤外線スイッチの例

(b)　フレンネルレンズ

図 2-85　焦電形赤外線スイッチ

(b)　**用途**

　焦電形赤外線スイッチは，人の検出に使われます．具体的には，人体の接近を検出し，自動ドアの開閉や**図2-86**のような防犯ライトの自動点灯に応用されています．

(c)　**焦電形赤外線スイッチを使う上での注意**

　焦電形赤外線センサの特徴は，人体などの熱源が動いたときに反応することです．このため，人体の出す赤外線に対して，感度が高くなるように設計されていますが，それ以外の熱源に対

図2-86 防犯ライトの例

しても反応することがあります．注意点としては，
- 小動物に反応することがある．
- 太陽の光，車のヘッドライト，白熱電球などに反応することがある．
- 熱源の動きが，速すぎたり遅すぎたりする場合には反応しない．

等があげられます．

センサ技術の発達は目覚しく，センサを利用したスイッチはこのほかにも多くの種類があります．実際に選定するときは，用途に応じた最適なスイッチを選びましょう．

2-4 センサを使ったスイッチの働き

2-5 その他の機器とアクチュエータ

(1) ランプ

ランプは，照明を行う目的に使われることもありますが，制御機器の状態をモニタしたり，危険を人に知らせたりする重要な働きもします．

表2-11は，JISによるランプの図記号の例です．必要に応じランプの色を表示します．特に注意を引きたい場合などは点滅させることもあります．使用する電圧によってランプを選びますが，変圧器を内蔵した機種もあります．最近では，**図2-87**のような発光ダイオード（LED）形のものが多く使用されます．LEDは電球と比べて消費電力が少なく，フィラメントを持っていないため球切れのような心配もほとんどありません．

図2-87　表示ランプ（LED形）

(2) ブザーとベル

ランプと同様に，警告を発したり，注意を促すために用いられるのがブザーとベルです．**表2-12**に図記号を示します．何かに集中しているときはランプの状態を見落としがちです．そこで，ブザーとベルを鳴らすことによって喚起を促すことができます．

さらに，ランプとブザーを組み合わせることで，より詳しい情報を伝える

表2-11　JISによるランプの図記号の例

図記号	説明
⊗	ランプ ランプの色を表示する必要がある場合，次の符号をこの記号の近くに表示する． RD = 赤 YE = 黄 GN = 緑 BU = 青 WH = 白

表2-12　JISによるブザーとベルの図記号の例

図記号	説明
	ブザー
	ベル

図2-88　盤用ブザーの例

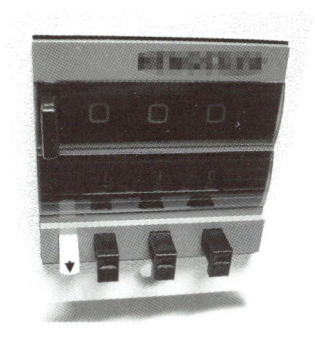

図2-89　電磁式カウンタの例

こともできます．**図2-88**は盤用ブザーの例です．

(3) **カウンタ**

光電スイッチなどと組み合わせ，通過した製品の数量を数えたり，決められた動作が何回行われたかを自動的にカウントしたりしたい場合があります．このようなときに用いられる機器が，カウンタです．また，カウンタを設置しておけば，定期点検の時期を見極めるのにも役に立ちます．

カウンタには，電磁式と電子式があります．**図2-89**は，電磁式カウンタの例です．電磁式カウンタは，内部の電磁コイルの電流をON-OFFすることによってカウントします．応答時間が30 ms程度必要ですので，高速動作が必要なときは電子式を選択します．

(4) **ソリッドステートリレー（SSR）**

電磁石の力によって，接点を作動させるリレーを電磁リレーと呼んできました．それに対し，機械的接点を持たず，電子的に交流回路の開閉を行うリレーをソリッドステートリレー（Solid State Relay）または，静止形リレーと呼びます．ソリッドステートリレーの多くは，ゼロクロス動作を行うように設計されています．

ゼロクロス動作では，**図2-90**のように接点をONにする制御信号が与えられると，交流電源電圧が0 Vになった時点で電子式スイッチがONになり負荷に電流が流れます．また，OFFにする制御信号が与えられた場合も，交流電源電圧が0 Vになった時点で電子式スイッチがOFFになりま

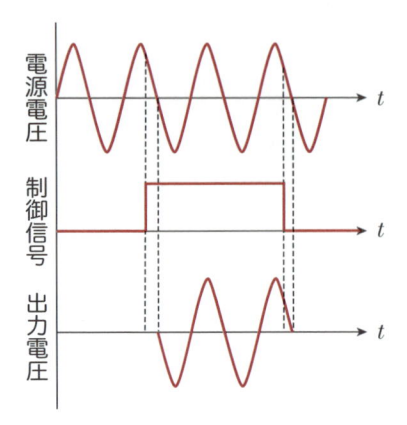

図 2-90　ゼロクロス動作

す．ゼロクロス動作のソリッドステートリレーを使用すると，過渡現象を最小限に抑えることができます．ただし，ON-OFF に時間のずれがあることを念頭におく必要があります．図 2-91 はソリッドステートリレーの例です．最近では，100 A 以上の電流を開閉できる機器もあります．

(5) 回路保護機器

電気機器には，万が一の短絡（ショート）事故や，過電流から機器を守るための対策が不可欠です．一般的にはヒューズが用いられますが，機器の特性などによって各種の保護機器があります．

(a) ヒューズ

ヒューズとは，一定以上の電流が流れたとき，発生するジュール熱によってヒューズそのものを溶断し電流を遮断する機器です．図 2-92 は，一般的なガラス管ヒューズです．透明なガラスが使用されているため，内部の溶断状態を確認することができます．

また，図 2-93 は，栓形ヒューズと呼ばれる機器です．ヒューズが切れ

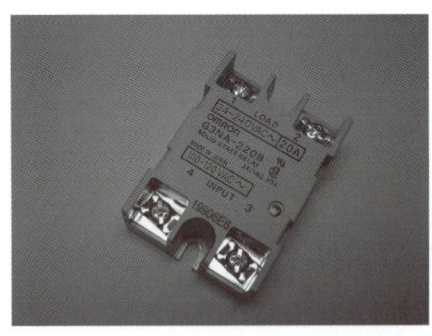

図 2-91　ソリッドステートリレーの例

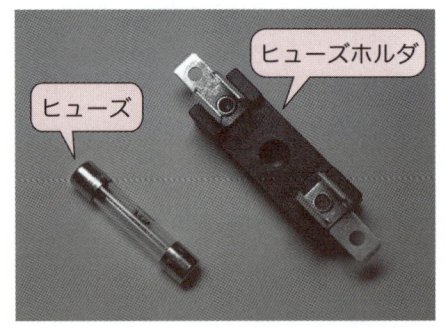

図 2-92　ガラス管ヒューズの例

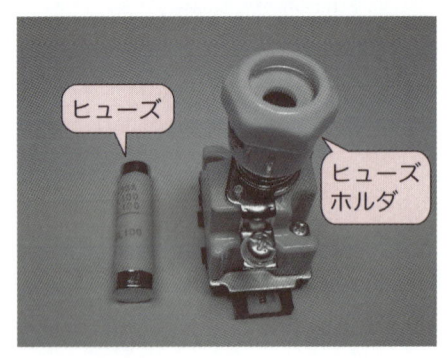

図 2-93　栓形ヒューズの例

たかどうかを確認できる表示機能がついています．

(b) **安全ブレーカ**

ヒューズが，溶断することにより回路を守るのに対し，安全ブレーカは，過電流によるジュール熱で内部のバイメタルが働き，スイッチを切ります．スイッチが切れることをトリップといいます．**図 2-94** は安全ブレーカの例ですが，トリップすると，操作レバーが下がった状態になるので確認が容易にできます．電流容量は，10 A 程度から 100 A 以上まで様々です．安全ブレーカを扱う上で注意しなければならないのは，トリップした場合，すぐにスイッチを再投入せず，必ず過電流の原因を取り除いてから再投入することです．

(6) **アクチュエータ**

アクチュエータとは，シーケンス制御によって制御される機械・装置などで，エネルギーの供給を受け最終的な機械的仕事に変換する駆動装置のことです．その中の代表的ないくつかについて，概要を説明します．

(a) **直流電動機**

直流電動機とは，直流電源で回転する電動機です．直流電動機は，小型で大きな力を出すことができ，乾電池で動くようなものから，ハイブリッド車に搭載されている特殊なものまで，幅広く使われています．

直流電動機を，大きく 2 種類に分けると，**図 2-95** (a)の直流分巻（ぶんまき）電動機と同図(b)の直流直巻（ちょくまき）電動機に分けられます．直流分巻電動機の界磁コイルは，永久磁石に置き替えられることもあります．その場合，**図 2-96** のように，電源電圧の極性を逆にすることによって，回転方向を逆転することができます．直流分巻電動機は，その扱いやすさから，産業用に広く応用されています．

直流直巻電動機は，機械的な負荷がなくなると回転数がどんどん高くなってしまう性質を持ち，電車の動力など特殊な用途に用いられることが多い電

図 2-94 安全ブレーカの例

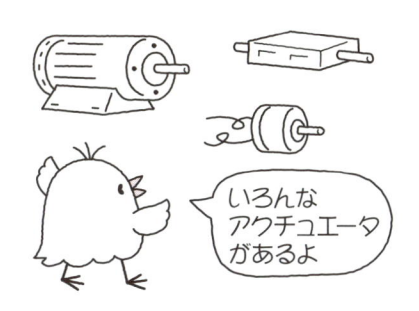

2-5 その他の機器とアクチュエータ

(a) 直流分巻電動機　　　(b) 直流直巻電動機

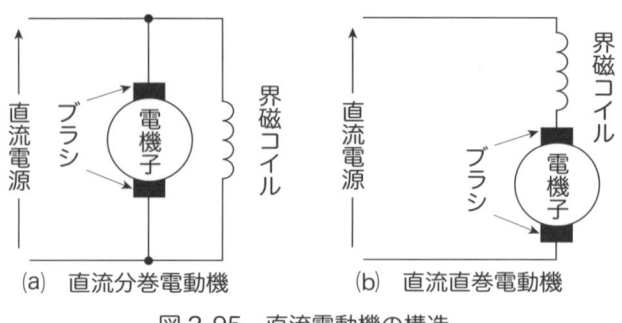

図 2-95　直流電動機の構造

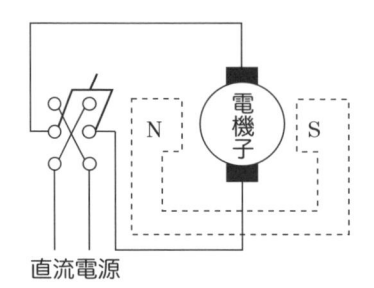

図 2-96　直流分巻電動機の正逆転

動機です．**図 2-97** に，機器に組み込まれている永久磁石形の直流電動機の例を示します．

(b) **単相交流電動機**

図 2-98 は，単相誘導電動機とギヤヘッドの例です．交流電動機の回転数は，その構造と周波数によって決まります．そこで，適切なギヤヘッドを電動機の回転軸に取り付け，必要な回転数とトルクを得ます．

単相誘導電動機の回転方向の切り替えは，**図 2-99** のように行うことができます．単相誘導電動機は，始動トルクを得るために進相コンデンサが必要ですが，構造が単純で故障も少なく取り扱いが容易であることから，電化製品や小規模の制御機器に幅広く使われています．

図 2-97　直流電動機の例

図 2-98　単相誘導電動機とギヤヘッドの例

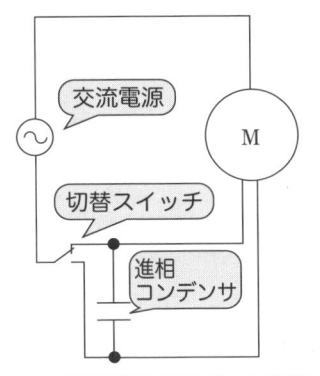

図2-99　単相誘導電動機の正逆転の例

(c) 三相交流電動機

　三相交流電動機には各種方式がありますが，単相電動機のように，進相コンデンサなどを使わなくても始動トルクを得ることができます．また，回転方向の切り替えも可能で，大きな出力の機器が作りやすいため各種産業機械に広く利用されています．

　図2-100は，一般的な三相誘導電動機の仕組みです．物理的に120度ずつずらして巻いた界磁コイルを，Δ（デルタ）または，Y接続して三相交流電源に接続すると回転磁界が発生します．この中に回転子コイルを入れると，回転子コイルには誘導電流が生じます．この電流による磁界と回転磁界の相互作用によって，電動機が回転します．

　三相電動機の界磁コイルは，一般的にΔ接続されています．大型の電動機になりますと，始動時に過大な電流が流れ，電源の容量を超えたり界磁コイルに過電流が流れることがあります．

　そこで，大型電動機においては，シーケンス制御によって，電機子コイルの接続を，始動時はY接続にしておき，電流が落ち着くとΔ接続に切り替えるY-Δ（スターデルタ）始動が行われます．**図2-101**に，Y-Δ始動の例を示します．

　また，回転方向の切り替えを行う必

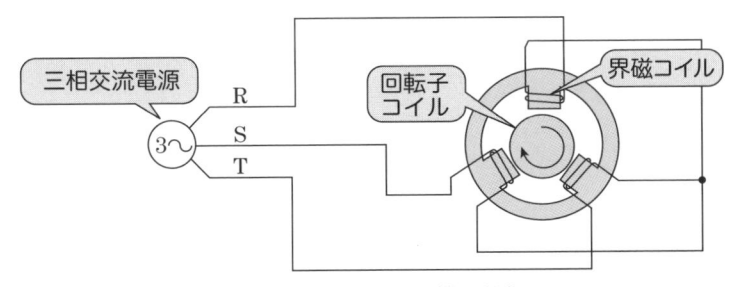

図2-100　三相誘導電動機の仕組み

2-5　その他の機器とアクチュエータ

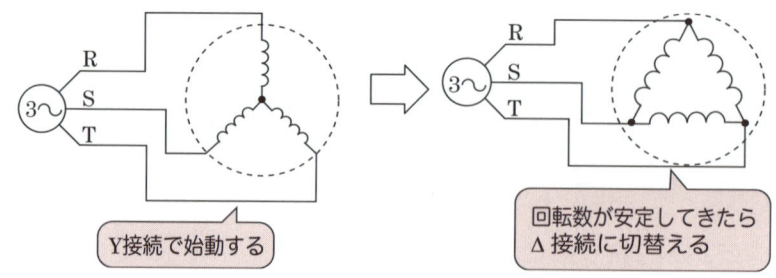

図 2-101　Y-Δ 始動の例

要がある場合は**図 2-102**のように，電源と電動機を接続している 3 本の電線のうち，任意の 2 本の接続を入れ替えれば回転方向を反転することができます．この操作は，手動で行うこともありますが，シーケンス制御で行えばより安全かつ，スムーズに行うことができます．

電動機の回転方向を切り替えるときには，急激な操作は禁物です．電動機が大型の場合はもちろん，小型の場合でも急激な操作を行うと，大きな負担が加わり破損や事故の原因になります．

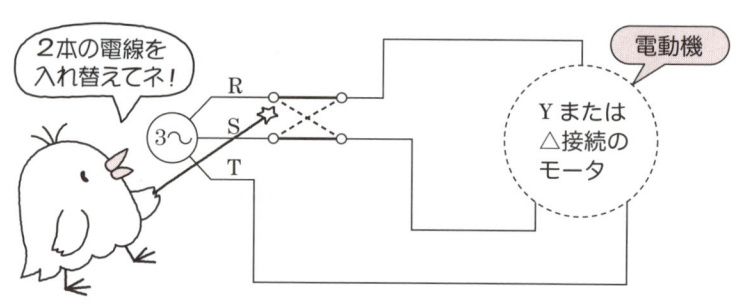

図 2-102　三相電動機の正逆転の切り替えの例

章 末 問 題

1. スイッチで開閉できる電流は，抵抗負荷の場合より電球負荷の場合の方が小さくなる．その理由を簡潔に答えなさい．

2. あるスイッチは，ランプ負荷の場合 1.2 A までの電流を開閉できる．電源の電圧が 100 V の場合，最大何 W の電球をつなぐことができるか答えなさい．

3. 次の①〜④はリレーに関する説明である．誤った説明はどれか，その理由をつけて答えなさい．
    ① リレーの電磁コイルと，接点は電気的に絶縁されているため，直流信号を使って，交流回路の ON-OFF ができる．
    ② リレーの電磁コイルを駆動する電気配線を延長することによって，遠方の機械を ON-OFF できる．
    ③ リレーの接点は，瞬間的に作動するので時間遅れが生ずることはない．
    ④ リレーを使うと，電磁コイルを駆動するための小さな電流で，接点を流れる大きな電流を ON-OFF できる．

4. 図 2-103 において，スイッチ BS1 を押している間，ヒータに電流が流れるようにしたい．図記号を線でつなぎ，回路を完成しなさい．

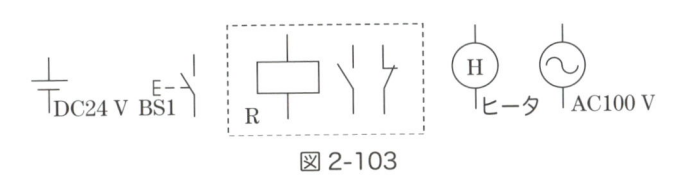

図 2-103

5. 図 2-104 において，トグルスイッチ TGS を ON にすると，一定時間だけランプ L が点灯するようにしたい．図記号を線でつなぎ，回路を完成しなさい．

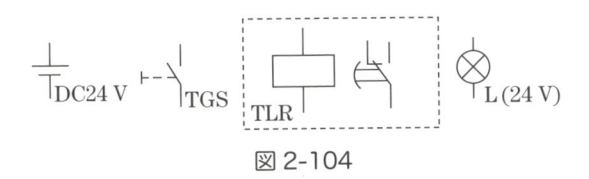

図 2-104

6. 次の①〜⑤の各用途に適するスイッチやセンサを，解答群の中から選び記号で答えなさい．
    ① 自動販売機に，硬貨が入ったことを検出したい．

② 水温の変化を抵抗値の変化に変換したい．
③ プールの水位が，満水位より低下したことを検出したい．
④ 一定の温度になると接点が働き，温度が下がると接点を復帰したい．
⑤ 1000度以上の，温度を計測したい．
―解答群―
(a) サーミスタ　　　(b) 熱電対　　　(c) サーモスタット
(d) 磁気スイッチ　　(e) 光電スイッチ　(f) 誘導コイル式近接スイッチ
(g) フロートスイッチ

7 次にあげたAのグループと，Bのグループの関連する用語同士を線でつなぎなさい．

A	B
フロートスイッチ・	・バイメタル
磁気スイッチ・	・赤外発光ダイオード
人検出スイッチ・	・リードスイッチ
光電スイッチ・	・焦電形赤外線スイッチ
サーモスタット・	・ダイアフラムスイッチ
圧力スイッチ・	・ホール素子

8 図2-105は，三相誘導電動機の接続図である．電源のS相の線は，そのままにし，回転方向が逆になるように線をつなぎ替えなさい．

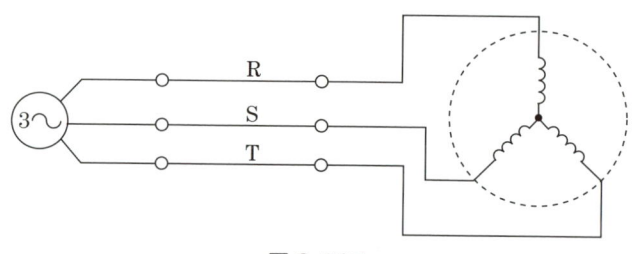

図2-105

第3章 シーケンス制御の基本回路と応用

　これまで，スイッチ，リレー，タイマなどの基本的な機器の構造と使い方を説明してきました．また，動作説明，シーケンス図，タイムチャートといったシーケンス制御を表す基本的な表現方法を説明しました．

　この章では，実際にシーケンス制御を行う際，基本となる回路やそれを応用した回路について説明することで，動作説明やシーケンス図，タイムチャートの使い方についてさらに理解を深められるようにします．

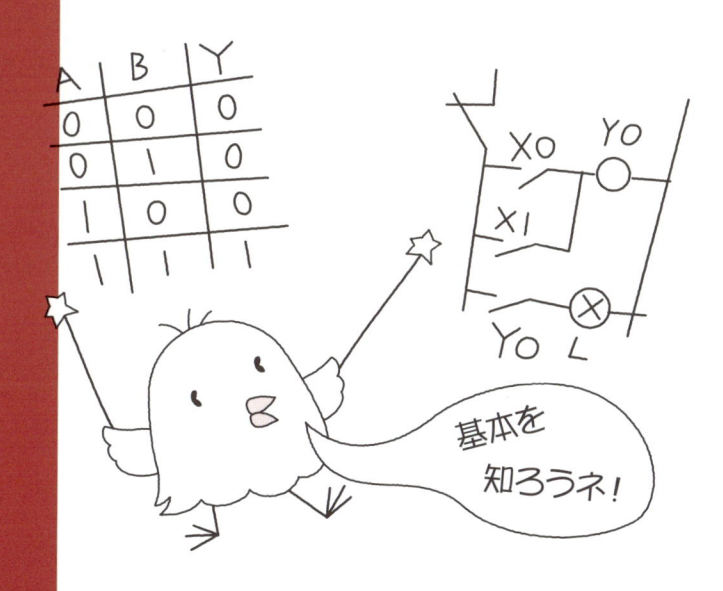

3-1 基本論理回路

(1) 論理演算と論理回路

シーケンス制御では，たくさんの接点を扱いますが，接点の状態はON，OFFの2つの状態で表されます．また，ランプや，リレーのコイルも電流が流れた状態と流れていない2つの状態を持ちます．

これら2つの状態を1と0に対応させて扱う演算を，論理演算といいます．また，論理演算を実現する回路を論理回路といいます．論理演算を利用すると，多数の接点によって構成される制御回路を簡略化し，少ない接点で構成できる場合があります．これはコストダウンができるということです．

(2) AND（論理積）回路

(a) シーケンス図

図3-1は，横書きシーケンス図で表したAND回路の例です．2つのリレーのメーク接点 R_1-m と R_2-m を直

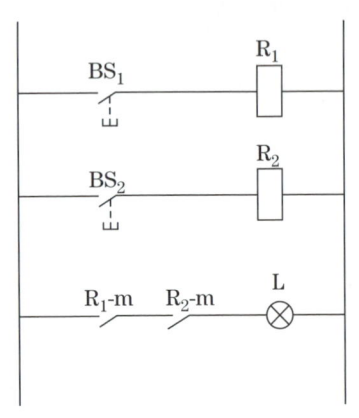

図3-1 AND回路のシーケンス図の例

列につなぐことがポイントです．

(b) 動作説明

1. 押しボタンメーク接点 BS_1 を押すと電磁リレー R_1 に電流が流れ，R_1 のメーク接点 R_1-m がONになる．
2. 押しボタンメーク接点 BS_2 を押すと電磁リレー R_2 に電流が流れ，R_2 のメーク接点 R_2-m がONになる．
3. 電磁リレー R_1 のメーク接点 R_1-m と R_2 のメーク接点 R_2-m を通じ，ランプLに電流が流れて点灯する．

(c) タイムチャート

図3-2は，AND回路のタイムチャー

$1+1=1$
$1+0=1$
$1 \cdot 1=1$

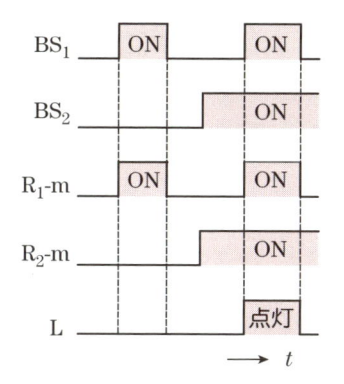

図3-2 AND回路のタイムチャートの例

トの例です．スイッチが2つあるので，操作の組み合わせは2×2=4とおりになります．

(d) **真理値表と図記号**

真理値表は，一般のシーケンス制御で用いられることはあまりありませんが，知っておくと応用する場合に大変便利なことがあります．真理値表とは，論理回路の入力と出力の関係を示した表です．**表3-1**は，押しボタンスイッチのONを1，OFFを0に，またランプの点灯を1，消灯を0に対応させたAND回路の真理値表です．

表3-1 AND回路の真理値表

入力		出力
A	B	Y
0	0	0
0	1	0
1	0	0
1	1	1

(e) **論理式と図記号**

論理演算を，演算子を使って表した式を論理式といいます．AND演算の論理式は式（3-1）のように表します．

$$Y = A \cdot B \tag{3-1}$$

論理回路では，ANSI（American National Standards Institute）による図記号が慣例的に広く用いられています．また，国内においてはJISで規定されています．本節では，ANSIとJISによる図記号を併記しました．**図3-3**に，AND回路の図記号の例を示します．

(a) ANSIによる図記号の例　　(b) JISによる図記号の例

図3-3 AND回路の図記号の例

(3) **OR（論理和）回路**

(a) **シーケンス図**

図3-4は，横書きシーケンス図で表したOR回路の例です．

(b) **動作説明**

① 押しボタンメーク接点BS_1を押すと電磁リレーR_1に電流が流れ，R_1のメーク接点$R_1\text{-m}$がONになりランプLが点灯する．

② 押しボタンメーク接点BS_2を押すと電磁リレーR_2に電流が流れ，R_2のメーク接点$R_2\text{-m}$が

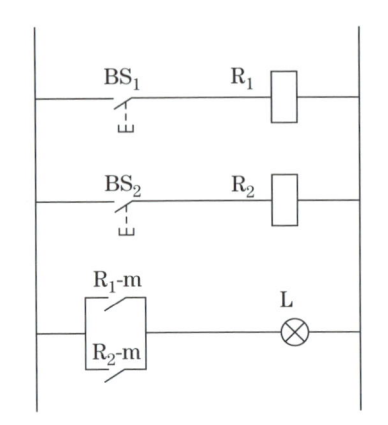

図3-4 OR回路のシーケンス図の例

ONになりランプLが点灯する．

③ R_1のメーク接点R_1-mと，R_2のメーク接点R_2-mは並列になっているので，どちらか一方が働くとランプが点灯する．

(c) **タイムチャート**

図3-5は，OR回路のタイムチャートの例です．

(d) **真理値表**

表3-2は，押しボタンスイッチのONを1，OFFを0に対応させ，ランプの点灯を1，消灯を0に対応させた場合の真理値表です．

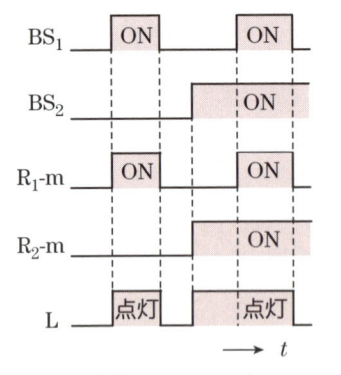

図3-5 OR回路のタイムチャートの例

表3-2 OR回路の真理値表

入力		出力
A	B	Y
0	0	0
0	1	1
1	0	1
1	1	1

(e) **論理式と図記号**

式（3-2）にOR回路の論理式，図3-6に図記号を示します．

$$Y = A + B \tag{3-2}$$

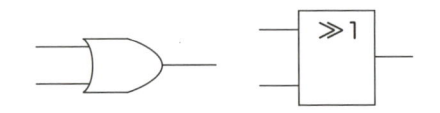

(a) ANSIによる図記号の例
(b) JISによる図記号の例

図3-6 OR回路の図記号

(3) **NOT（論理否定）回路**

(a) **シーケンス図**

図3-7は，横書きシーケンス図で表したNOT回路の例です．

(b) **動作説明**

① 押しボタンメーク接点BSを押

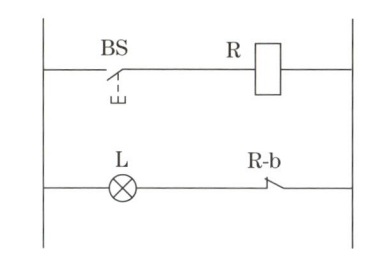

図 3-7　NOT 回路のシーケンス図の例

　　すと，電磁リレー R に電流が流れる．
② 電磁リレー R のブレーク接点 R-b が開き，ランプ L に電流が流れなくなり消灯する．

(c) **タイムチャート**

図 3-8 は，NOT 回路のタイムチャートの例です．

(d) **真理値表**

表 3-3 は，押しボタンスイッチの ON を 1，OFF を 0 に対応させ，ランプの点灯を 1，消灯を 0 に対応させた場合の真理値表です．

(e) **論理式と図記号**

式（3-3）に NOT 回路の論理式，図 3-9 に図記号を示します．

$$Y = \overline{A} \tag{3-3}$$

(a) ANSI による　(b) JIS による
　　図記号の例　　　　図記号の例

図 3-9　NOT 回路の図記号

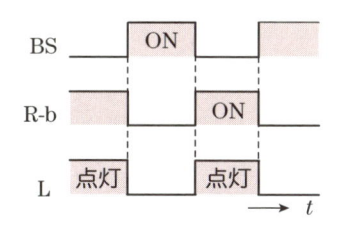

図 3-8　NOT 回路のタイムチャートの例

表 3-3　NOT 回路の真理値表

入力	出力
A	Y
0	1
1	0

(4) **NAND（否定論理積）回路**

(a) **シーケンス図**

NAND 回路は，AND 回路と NOT 回路を組み合わせた回路です．図 3-10 は横書きシーケンス図の例です．

(b) **動作説明**

① 押しボタンメーク接点 BS_1 を押すと電磁リレー R_1 に電流が流れ，R_1 のメーク接点 R_1-m が

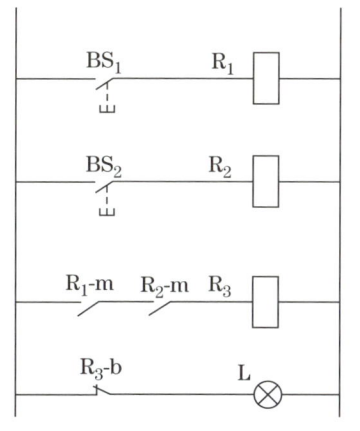

図 3-10　NAND 回路のシーケンス図の例

3-1　基本論理回路

AND+NOT ⇒ NOT AND ⇒ NAND

呼び名は"ナンド"だョ！

ON になる．

② 押しボタンメーク接点 BS_2 を押すと電磁リレー R_2 に電流が流れ，R_2 のメーク接点 R_2-m が ON になる．

③ R_1 のメーク接点 R_1-m と，R_2 のメーク接点 R_2-m は直列接続になっているので，両方が ON になったときだけ電磁リレー R_3 が駆動される．

④ 電磁リレー R_3 が駆動されると，R_3 のブレーク接点 R_3-b が OFF になり，ランプ L は消灯する．

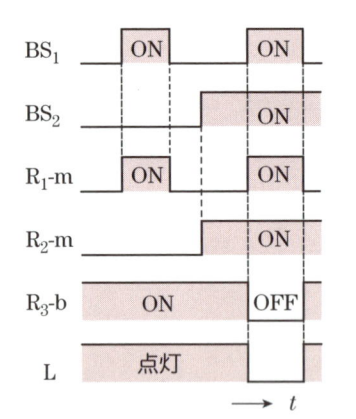

(c) **タイムチャート**

図 3-11 は，NAND 回路のタイムチャートの例です．

(d) **真理値表**

表 3-4 は，押しボタンスイッチの ON を 1，OFF を 0 に対応させ，ランプの点灯を 1，消灯を 0 に対応させた場合の真理値表です．

(e) **論理式と図記号**

式（3-4）に NAND 回路の論理式，図 3-12 に図記号を示します．

$$Y = \overline{A \cdot B} \quad (3\text{-}4)$$

表 3-4　NAND 回路の真理値表

入力		出力
A	B	Y
0	0	1
0	1	1
1	0	1
1	1	0

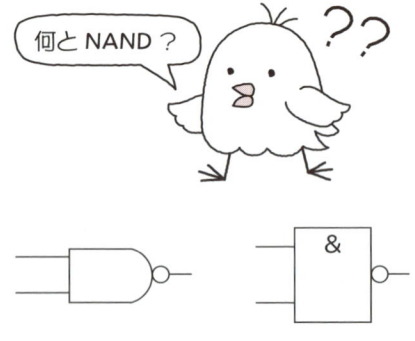

図 3-11　NAND 回路のタイムチャートの例

(a) ANSI による図記号の例
(b) JIS による図記号の例

図 3-12　NAND 回路の図記号

(5) NOR（否定論理和）回路

(a) シーケンス図

NOR 回路は，OR 回路と NOT 回路を組み合わせた回路です．図 3-13 は，横書きシーケンス図の例です．

(b) 動作説明

① 押しボタンメーク接点 BS_1 を押すと電磁リレー R_1 に電流が流れ，R_1 のメーク接点 R_1-m が ON になる．

② 押しボタンメーク接点 BS_2 を押すと電磁リレー R_2 に電流が流れ，R_2 のメーク接点 R_2-m が ON になる．

③ R_1 のメーク接点 R_1-m と，R_2 のメーク接点 R_2-m は並列接続になっているので，いずれか一方でも ON になれば電磁リレー R_3 が駆動される．

④ 電磁リレー R_3 が駆動されると，R_3 のブレーク接点 R_3-b が OFF になり，ランプ L は消灯する．

(c) タイムチャート

図 3-14 は，NOR 回路のタイムチャートの例です．

(d) 真理値表

表 3-5 は，押しボタンスイッチの ON を 1，OFF を 0 に対応させ，ランプの点灯を 1，消灯を 0 に対応させた場合の真理値表です．

(e) 論理式と図記号

式 (3-5) に NOR 回路の論理式，図

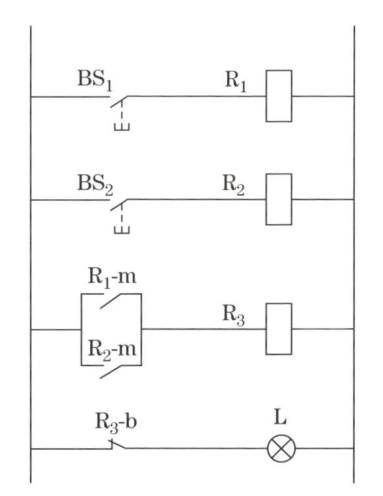

図 3-13 NOR 回路のシーケンス図の例

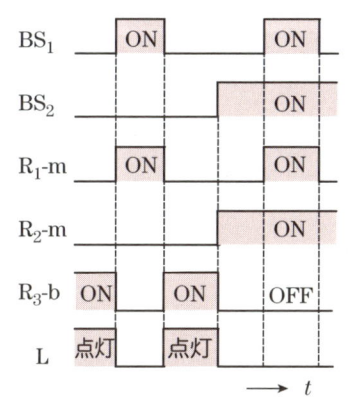

図 3-14 NOR 回路のタイムチャートの例

表 3-5 NOR 回路の真理値表

入力		出力
A	B	Y
0	0	1
0	1	0
1	0	0
1	1	0

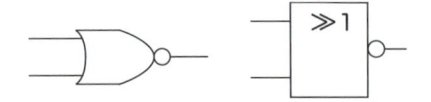

(a) ANSI による図記号の例
(b) JIS による図記号の例

図 3-15　NOR 回路の図記号

3-15 に図記号を示します．

$$Y = \overline{A + B} \quad (3\text{-}5)$$

(6) Exclusive-OR（排他的論理和）回路

(a) シーケンス図

排他的論理和回路は一般に，Ex-OR と表記されます．図 3-16 は，横書きシーケンス図による排他的論理和回路の例です．

(b) 動作説明

1　押しボタンメーク接点 BS_1 を押すと電磁リレー R_1 に電流が流れ，R_1 のメーク接点 R_1-m が ON になる．

2　押しボタンメーク接点 BS_2 を押すと電磁リレー R_2 に電流が流れ，R_2 のメーク接点 R_2-m が ON になる．

3　R_1 のメーク接点 R_1-m とブレーク接点 R_1-b および，R_2 のメーク接点 R_2-m とブレーク接点 R_2-b の組み合わせにより，いずれか一方の押しボタンスイッチのみが押されるとランプ L が点灯する．

4　両方の押しボタンスイッチが押された場合，2 つのブレーク接点 R_1-b および，R_2-b の両方が OFF となるので，ランプ L は点灯しない．

(c) タイムチャート

図 3-17 は，Ex-OR 回路のタイムチャートの例です．

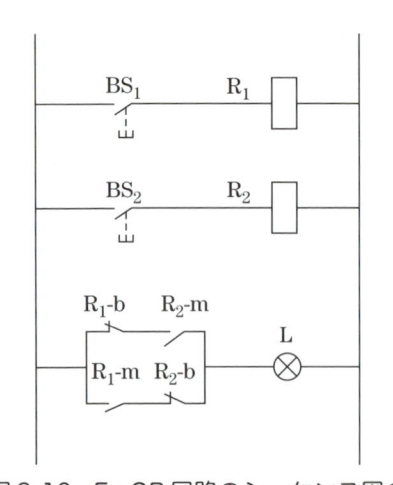

図 3-16　Ex-OR 回路のシーケンス図の例

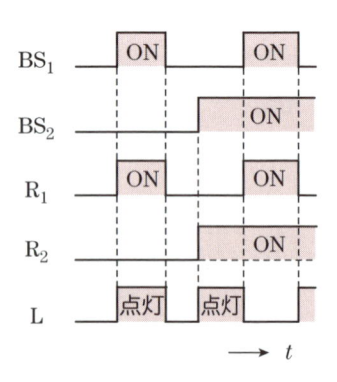

図 3-17　Ex-OR 回路のタイムチャートの例

(d) **真理値表**

表 3-6 は，押しボタンスイッチの ON を 1，OFF を 0 に対応させ，ランプの点灯を 1，消灯を 0 に対応させた場合の真理値表です．

(e) **論理式と図記号**

式 (3-6) に Ex-OR 回路の論理式，図 3-18 に図記号を示します．

$$Y = A \oplus B \tag{3-6}$$

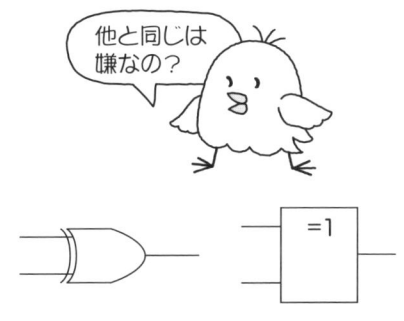

表 3-6　Ex-OR 回路の真理値表

入力		出力
A	B	Y
0	0	0
0	1	1
1	0	1
1	1	0

(a) ANSI による図記号の例　(b) JIS による図記号の例

図 3-18　Ex-OR 回路の図記号

3-1　基本論理回路

3-2 論理回路の実現方法

(1) 論理回路は自由につくれる

論理演算には基本的に，AND（論理積），OR（論理和），NOT（論理否定）の3つしかありません．この3つの働きを組み合わせることによって，どのような論理回路でも実現することができます．いろいろな回路を覚えることも必要ですが，経験を積み自分で回路を設計できるようになりましょう．

(2) 論理回路のつくりかた

ⓐ 真理値表をつくる

具体的な例として，次のような回路を考えます．
- 2つのスイッチA，Bがある．
- スイッチA，BがともにONまたは，ともにOFFのときだけ，ランプLが点灯する．

この回路は，スイッチA，Bの状態が一致したときだけ，ランプが点灯するので，一致回路と呼ぶことができます．

論理回路では，機器の状態を"1"

表3-7　一致回路の真理値表

	入力		出力
	A	B	L
①	0	0	1
	0	1	0
	1	0	0
②	1	1	1

と"0"に置き換える必要があります．そこで，スイッチがONの状態を"1"，OFFの状態を"0"とし，ランプLの点灯状態を"1"，消灯状態を"0"とします．すると，真理値表は**表3-7**のようになります．

ⓑ 真理値表から論理式を導く

真理値表ができましたので，この表から論理式を導きましょう．その方法は，出力Lが"1"の所に注目します．

すると，表3-7では①と②の2箇所あります．この部分だけ取り出してみると，**表3-8**(a)のようになります．

次に，表の"1"と"0"を入力，出力の論理変数名に置き換えます．ただし，"0"のときは否定（NOT）をつけます．すると表3-8(b)のようになります．

①と②において，各要素をAND演算し，得られた式をOR演算します．

表3-8 論理式を導く

(a) L=1の場合に注目

入力		出力
A	B	L
① 0	0	1
② 1	1	1

(b) 変数名に変換

入力		出力
A	B	L
① $\overline{A}$	$\overline{B}$	1
② A	B	1

①の場合は，

① | $\overline{A}$ | $\overline{B}$ | L |

①… $L = \overline{A} \cdot \overline{B}$ (3-7)

となります．

同様に②の場合は，

②… $L = A \cdot B$ (3-8)

となります．

したがって，求める論理式は，式 (3-7) と式 (3-8) より，

$L = \overline{A} \cdot \overline{B} + A \cdot B$ (3-9)

となります．

(b) 論理式の簡略化

論理式が得られたら，最後に論理演算の基本定理を使い，できるだけ簡単な形に簡略化することを試みます．**表3-9** は，代表的な論理演算の基本定理です．今回の式 (3-9) は，これ以上簡単にできそうにありませんので，これで完了です．

表3-9 論理演算の基本定理

A, B, C は論理変数とし，"・" は論理積，"+" は論理和を表します．

{その1} $A+0=A$　　$A+1=1$
{その2} $A \cdot 0 = 0$　　$A \cdot 1 = A$
{その3} $A+A=A$　　$A \cdot A = A$
{その4} $\overline{A}+A=1$　　$\overline{A} \cdot A = 0$
{その5} $A+B=B+A$　$A \cdot B = B \cdot A$
{その6} $(A+B)+C=A+(B+C)$
$(A \cdot B) \cdot C = A \cdot (B \cdot C)$
{その7} $A \cdot B + A \cdot C = A \cdot (B+C)$
$(A+B) \cdot (A+C) = A+B \cdot C$
{その8} $A \cdot (A+B) = A$
$A + A \cdot B = A$
{その9：ド・モルガンの定理}
$\overline{A+B} = \overline{A} \cdot \overline{B}$
$\overline{A \cdot B} = \overline{A} + \overline{B}$

参考 {その8} $A \cdot (A+B) = A$ の証明
与式を展開すると，

$A \cdot (A+B)$
　$= A \cdot A + A \cdot B \leftarrow$（定理その7）
　$= A + A \cdot B \leftarrow$（定理その3）
　$= A \cdot (1+B) \leftarrow$（定理その7）
　$= A \leftarrow$（定理その1）

(3) 論理式からシーケンス図へ

論理式が得られたら，シーケンス図にしなければなりません．このとき，基本的な論理回路の知識が役立ちます．

先ほどの式 (3-9) を，シーケンス回路図で表してみましょう．式 (3-9) を回路に置き換えると，**図3-19** に示す2つの回路の組み合わせになりま

に実現します．完成したシーケンス図を 図 3-20 に示します．NOT 回路はブレーク接点で実現し，AND 回路は接点の直列接続で実現できます．さらに，回路 I と回路 II を並列接続することで論理和を実現しています．

論理式がどんなに複雑になっても，小さな回路に分けていくことによって，シーケンス図を完成させることが可能になります．

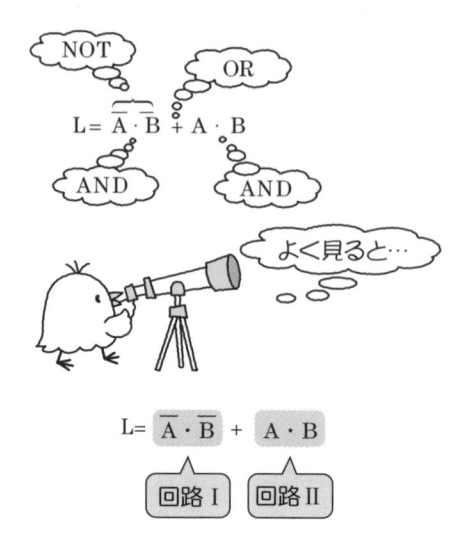

図 3-19 論理式と論理回路の関係

す．シーケンス図に描き換える手順は，小さな回路から実現していくのが原則です．そこで，回路 I と回路 II を個別

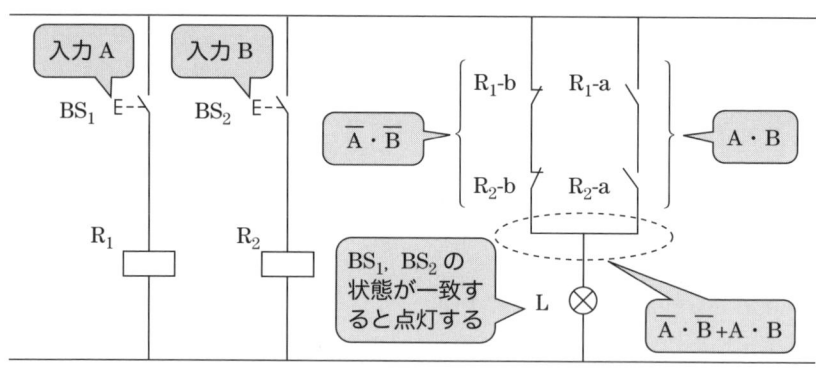

図 3-20 式 (3-9) のシーケンス図の例

3-3 基本制御回路

(1) シーケンス制御の中の条件

シーケンス制御は，あらかじめ定められた順序に従って，制御の各段階が進んでいきます．これらの制御が，進んでいくためには，次に示す条件が必要になってきます．

ⓐ 開始条件

制御の各段階が開始されるための条件を，開始条件といいます．機械を動かすための，スタートボタンもその1つです．

ⓑ 停止条件

制御が，停止するための条件です．例えば，電子レンジならば，タイマで設定した時間が経過することが停止条件になります．風呂の自動湯はり装置などでは，一定の水位までお湯が入ったことが停止条件になります．

ⓒ 成立条件

成立条件とは，制御が実行可能であることを示す条件です．例えば，紙コップ式のコーヒーの自動販売機などでは，コップが置かれていなければ，コーヒーを注いではいけません．この場合，コップが置かれていることが成立条件になります．自動販売機の場合，お金が入れられていることも成立条件です．

(2) 自己保持回路
(a) 自己保持回路とは

　トグルスイッチなどは，いったん操作すると，ONやOFFの状態を維持し続けます．しかし，押しボタンスイッチや光電スイッチなどでは，押した瞬間や物体がセンサを遮（さえぎ）ったときだけ，接点が働きます．自動販売機の商品選択スイッチなどにトグルスイッチを使うと，利用者は面倒でたまりません．そこで，押しボタンスイッチなどが押された場合，その状態を記憶させておくことが必要になってきます．そのための回路が自己保持回路です．

(b) 基本的な自己保持回路

　図3-21は，押しボタンスイッチによる自己保持回路です．

その動作は，次のようになります．
1　押しボタンスイッチBS-mが押される．
2　BS-bがONならば，電磁リレーRの駆動コイルが励磁される．
3　BS-mと並列に入った接点，R-m$_1$がONになる．
4　同時に，R-m$_2$がONになり，ランプLが点灯する．
5　この時点でBS-mがOFFになっても，電磁リレーRの駆動コイルは励磁され続ける．
6　BS-bが一瞬でも押されると，電磁リレーRの駆動コイルの励磁が切れ，R-m$_1$，R-m$_2$がOFFになり，ランプLは消灯する．

　一連の動作をタイムチャートにすると，**図3-22**のようになります．
　押しボタンスイッチBS-mが，開始条件です．また，停止条件は押しボタンスイッチBS-bです．もし，その他の停止条件を加えたい場合は，**図3-23**のようにBS-bに直列に接点を

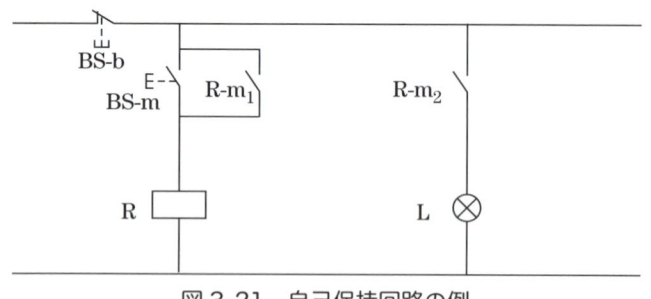

図3-21　自己保持回路の例

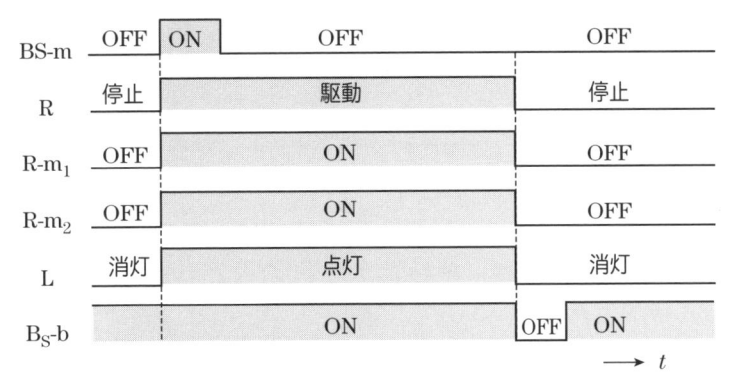

図 3-22　自己保持回路のタイムチャートの例

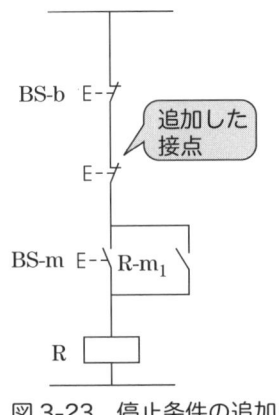

図 3-23　停止条件の追加

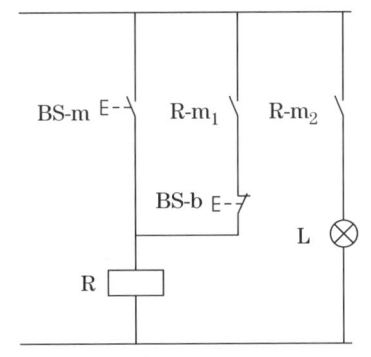

図 3-24　開始優先自己保持回路の例

入れます．

(c) **開始優先と停止優先**

図 3-21 の自己保持回路の場合，押しボタンスイッチが 2 個使われています．制御では常に，もしも…ならば，ということを考えておかなければ，思わぬ事故につながります．

図 3-21 で，BS-m と BS-b の押しボタンスイッチが両方押された場合はどうなるでしょうか．BS-b によって回路が切られるので，BS-m は機能しません．つまり，ランプ L は点灯することはありません．このような自己保持回路を，停止優先自己保持回路といいます．

しかし，自己保持回路の中には，開始条件を優先したい場合もあります．**図 3-24** は開始優先自己保持回路と呼ばれます．押しボタンスイッチ BS-m が押されると，回路は自己保持されます．もし，BS-m と BS-b が同時に押されると，BS-m を通じて，電磁リレーの駆動コイルに電流が流れますので，

ランプ L は点灯します．このように，開始条件が優先する回路を，開始優先自己保持回路といいます．

押しボタンが 2 つあれば，同時に押されることを考慮しておかなければなりません．機械類の運転，停止のための回路には，安全のため，停止優先自己保持回路が用いられます．

(d) **タイマ回路への応用例**

タイマを用いる場合も，自己保持回路が応用できます．一般的なタイマは限時接点のほかに，瞬時接点を 1 つ以上持っています．この瞬時接点を，自己保持のために使うことができます．図 3-25 は，BS-m を押すことによって，タイマ内部の瞬時接点で自己保持し，BS-b の操作によって復帰する回路です．その動作は，次のようになります．

1. 押しボタンスイッチ BS-m が押される．
2. タイマの瞬時接点 TLR-m_1 が ON になり，タイマの駆動部 TLR への電流が自己保持される．
3. タイマが計時を始める．
4. タイマの設定時間が経過する．
5. タイマの限時接点 TLR-m_2 が ON になり，ランプ L が点灯する．
6. 押しボタンスイッチ BS-b が押されると，タイマの駆動部への電流が止まり，自己保持が解除される．
7. TLR-m_2 が OFF になり，ランプ L が消灯する．

図 3-26 は一連の動作を表したタイムチャートです．

タイマ回路を使う回路では，押しボタンスイッチの操作や，センサが何かを感知したことが開始条件になる場合が多く，自己保持回路と組み合わせて使われます．

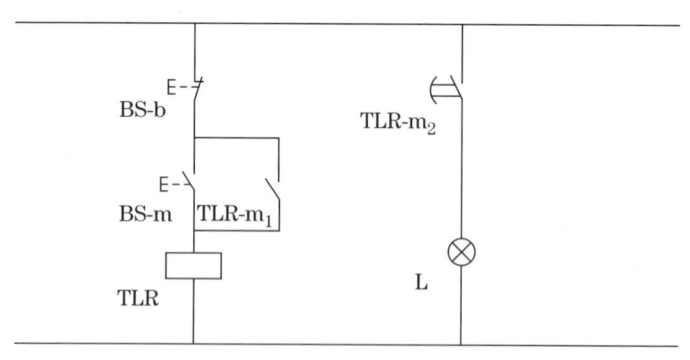

図 3-25　自己保持を用いたタイマ回路の例

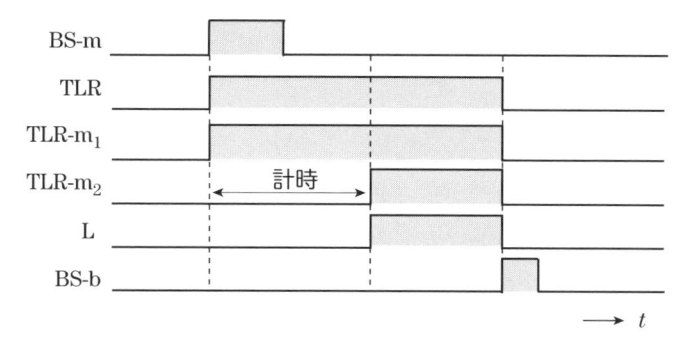

図 3-26 自己保持を用いたタイマ回路のタイムチャートの例

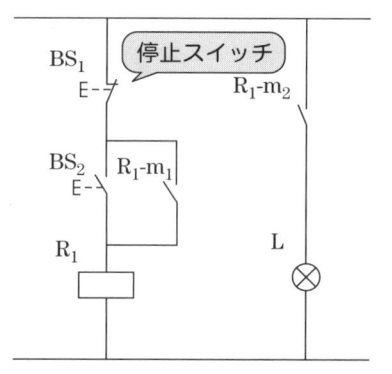

図 3-27 自己保持の解除動作

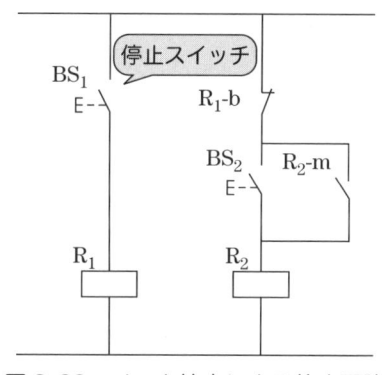

図 3-28 メーク接点による停止回路

(e) **自己保持に関する注意事項**

自己保持回路は，機械の運転開始などに用いられます．また，**図 3-27** では，停止スイッチ BS_1 を操作することにより自己保持が解除され，機械が停止します．図 3-27 では，停止スイッチはブレーク接点になっています．停止スイッチは，機械を停止させるための重要な働きを持っており，緊急停止ボタンの場合もあります．もし緊急停止ボタンが働かなければ，人命にかかわる重大事故に発展する可能性が考えられます．

ブレーク接点は，常時 OFF になっている接点であり，万が一接触不良が起こっても，自己保持回路自身が作動せず，運転も開始されません．そこで，自己保持を解除する回路には必ずブレーク接点を使用するように心がける

停止ボタンや非常ボタンはブレーク接点を使ってネ！

3-3 基本制御回路　　97

必要があります．図 3-28 はメーク接点 BS_1 による停止回路です．万が一 BS_1 が接触不良を起こすと，停止不可能になってしまいます．図 3-29 は，自己保持の解除部分を，ブレーク接点に置き換えた例です．解除のための押しボタンスイッチ BS_1，自己保持のための BS_2 ともにブレーク接点であるため，万が一接触不良や，機器自身の故障が起きた場合は，回路が動作せず機械の運転自体が不可能になります．このように自己保持の解除は，必ずブレーク接点で構成します．

(3) インタロック回路

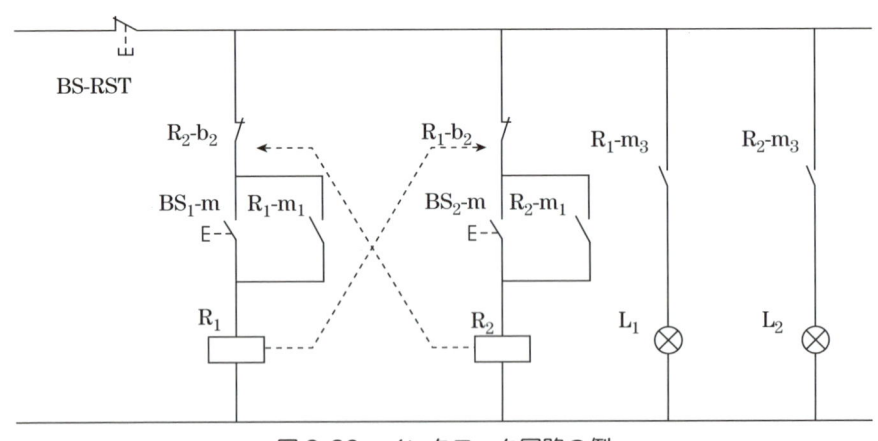

(a) インタロック回路とは

クレーンなどを制御するとき，上昇ボタンと下降ボタン，停止ボタンを設けることが一般的です．何トンもの重量物を上昇させているとき，急に下降させると，ワイヤや電動機などに予想以上の力が加わり，大変危険な状態になります．

シーケンス制御では，複数の動作を行うとき，1つの動作が実行中であれば，他の動作の命令を受け付けなくする方法がとられます．そのための回路がインタロック回路です．

(b) 基本的なインタロック回路

図 3-30 は，インタロック回路の例

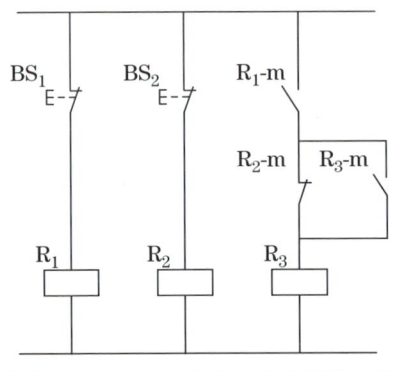

図 3-29　ブレーク接点による開始・停止の例

図 3-30　インタロック回路の例

です．BS_1-m を押すと，R_1 が励磁され L_1 が点灯します．同様に，BS_2-m を押すと，L_2 が点灯します．しかし，どちらか一方が点灯中のときは，一度消灯させない限り，他方のランプを点灯させることはできません．

図 3-30 の回路の動作は少々複雑ですが，次のようになります．

1. 押しボタンスイッチ BS_1-m が押される．
2. 電磁リレー R_1 が駆動され R_1-m_1 が ON になり，電磁リレー R_1 の駆動回路が自己保持される．
   R_1-m_3 が ON になりランプ L_1 が点灯する．
3. 同時に，R_1-b_2 が OFF になるので，BS_2-m が押されても，電磁リレーの駆動コイル R_2 には電流が流れず，BS_2-m の操作は無効になる（インタロックがかかる）．
4. 押しボタンスイッチ BS-RST を押すと，電磁リレー R_1 の電流が切れ，接点 R_1-m_1 が OFF になり，自己保持が解除される．同時にランプ L_1 も消灯する．
5. 押しボタンスイッチ BS_2-m が押される．
6. 電磁リレー R_2 が駆動され R_2-m_1 が ON になり，電磁リレー R_2 の駆動回路が自己保持される．
   R_2-m_3 が ON になりランプ L_2 が点灯する．
7. 同時に，R_2-b_2 が OFF になるので，BS_1-m が押されても，電磁リレーの駆動コイル R_1 には電流が流れず，BS_1-m の操作は無効になる（インタロックがかかる）．
8. 押しボタンスイッチ BS-RST を押すと，電磁リレー R_2 の電流が切れ，接点 R_2-m_1 が OFF になり，自己保持が解除される．同時にランプ L_2 も消灯する．

制御回路が，複雑になると文章での説明は次第に困難になっていきます．シーケンス図とタイムチャートで理解できるようになりましょう．**図 3-31** にタイムチャートを示します．

(4) ワンショット回路

(a) ワンショット回路とは

シーケンス制御では，一定時間だけ機械を動かしたい場合がよくあります．モータを一定時間だけ回転させる場合や，飲み物の容器が定位置に来ると液体を一定時間だけ注入する場合，電磁カウンタと組み合わせて作業回数を数える場合など，様々な用途が考えられます．そのようなときに，利用されるのがワンショット回路です．

(b) 基本的なワンショット回路

図 3-32 は，ワンショット回路の

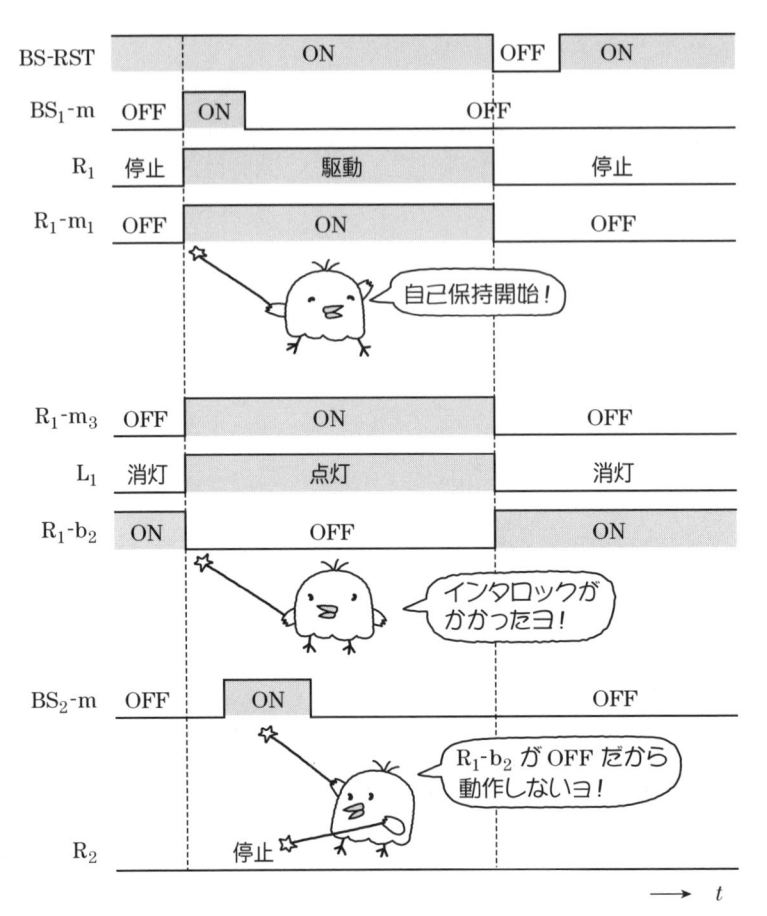

図 3-31　インタロック回路のタイムチャートの例

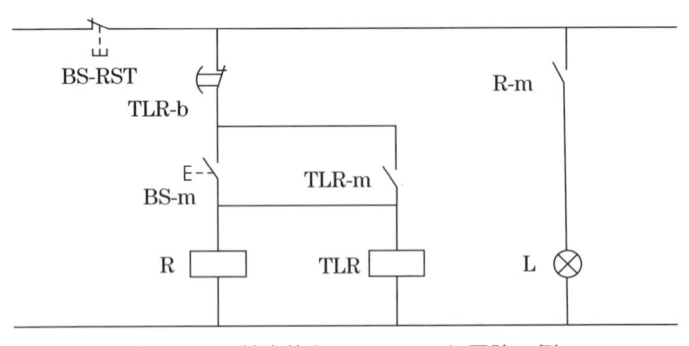

図 3-32　基本的なワンショット回路の例

例です．この回路は，押しボタンスイッチ BS-m を押すと，タイマで設定した時間だけランプ L が点灯します．この回路の動作は，次のようになります．

1. 押しボタンスイッチ BS-m が押される．
2. タイマ TLR の駆動部に，電源が供給される．同時に，タイマの瞬時接点 TLR-m が ON になり，タイマの回路が自己保持される．
3. 電磁リレー R の駆動コイルが励磁される．
4. 電磁リレー R の接点 R-m が ON になり，ランプ L が点灯する．
5. タイマの設定時間が経過する．
6. タイマの瞬時接点 TLR-b が OFF になる．
7. 自己保持が解除され，タイマがリセットされるとともに，電磁リレー R の接点 R-m が復帰し，ランプ L が消灯する．
8. 再び BS-m が押されると動作 1 から 7 を繰り返す．

以上の動作を，タイムチャートにすると，図 3-33 のようになります．

(5) フリッカ回路

(a) フリッカ回路とは

鉄道の踏み切りなどで，警告ランプと鐘を交互に動作させる場合などにフリッカ回路が用いられます．高度な機能を持つタイマを 1 台用いれば実現することも可能ですが，ここではより基本的な回路について説明します．

(b) 基本的なフリッカ回路

図 3-34 は，基本的なフリッカ回路の例です．2 台のタイマを使用して

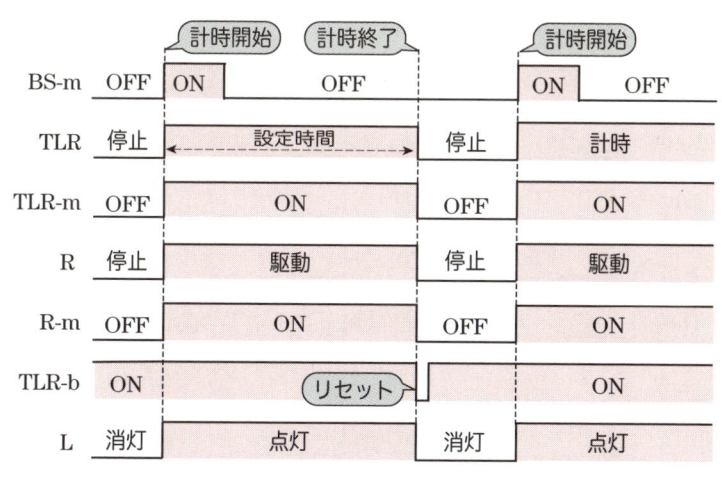

図 3-33　ワンショット回路のタイムチャートの例

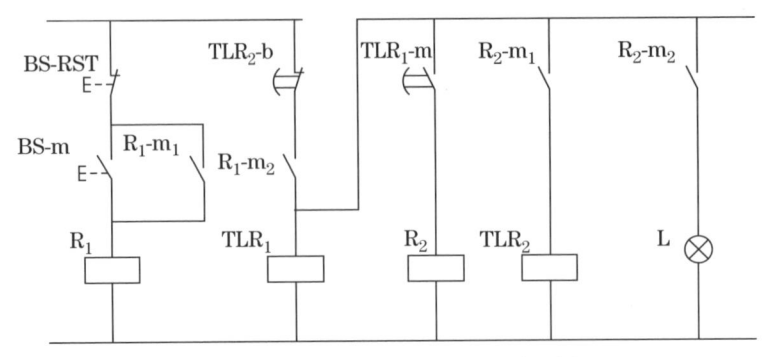

図 3-34　基本的なフリッカ回路の例

実現しています．この回路の動作は，次のようになります．

① 開始のための押しボタンスイッチ BS-m が押される．
② 電磁リレー R_1 が駆動され，接点 R_1-m_1 と R_1-m_2 が ON になる．
③ 電磁リレー R_1 の駆動回路が自己保持されるとともに，タイマ TLR_1 の計時動作が始まる．
④ タイマ TLR_1 の設定時間が経過する．
⑤ タイマ TLR_1 の限時動作メーク接点，TLR_1-m が ON になる．
⑥ 電磁リレー R_2 が駆動され，

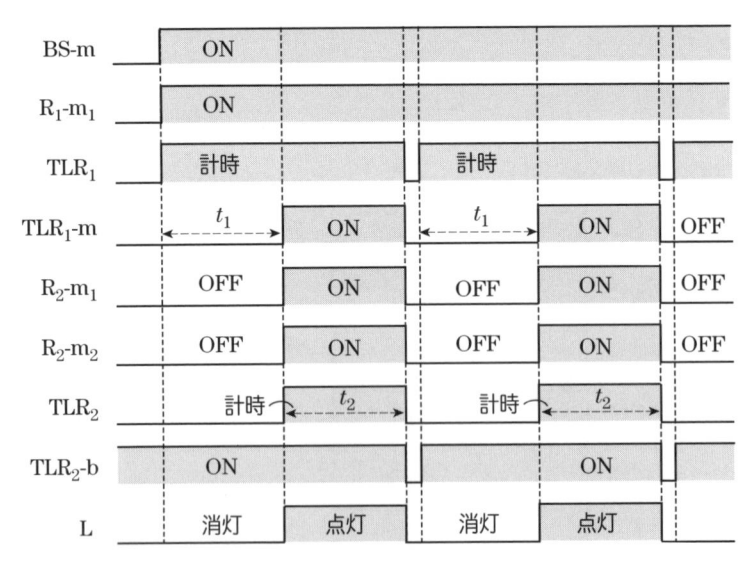

図 3-35　フリッカ回路のタイムチャートの例

R_2-m_1 と R_2-m_2 が ON になる.

7. ランプ L が点灯を開始すると同時に，タイマ TLR_2 が計時を開始する.
8. タイマ TLR_2 の設定時間が経過する.
9. タイマ TLR_2 の眼時動作ブレーク接点 TLR_2-b が OFF になる.
10. タイマ TLR_1 の接点 TLR_1-m が復帰（OFF になる）し，電磁リレー R_2 の駆動が切れ，接点 R_2-m_1 と R_2-m_2 が OFF になる.
11. ランプ L が消灯するとともに，タイマ TLR_2 がリセットされる.
12. タイマ TLR_2 の眼時動作ブレーク接点 TLR_2-b は瞬時に復帰するので，動作1に戻る．この結果，ランプ L は点滅動作を繰り返す.

図 3-35 はフリッカ回路のタイムチャートの例です．

3-4 基本制御回路の応用

(1) 複数箇所からの運転, 停止を行う回路

自己保持回路を用いると, 複数のスイッチを使って運転, 停止操作を行うことができます. 図3-36は, 3箇所から操作できるようにした回路です.

作業を行う人が, 移動して複数の場所から機械を操作したいときに役立つ回路です. この回路は, 運転と停止の両方の操作を3箇所から行えますが, 停止スイッチだけを多数設置することも可能です.

この回路は, 自己保持回路の基本回路と変わりませんが, 運転開始のためのメーク接点は並列接続します. メーク接点のいずれか1つでもONになると, 自己保持が働きます. また, 停止のためのブレーク接点は, 直列接続することで増設が可能です. 直列のブレーク接点ですから, いずれか1つでも操作されOFFになると, 自己保持が解除されます.

操作ボタンの増設は便利な半面, 慎重に行う必要があります. 操作ボタンを複数箇所に設置すると, 複数の人が同時に操作する可能性が出てきます.

運転開始ボタンを操作する際, 安全確認を行うことは当然ですが, 停止ボタンを操作する場合も, 安全が確保できる条件を満たすことが必要です. 増設は簡単ですが, 安全の確保には細心の注意を払わなければなりません.

(2) 時間監視回路

工場の生産ラインが正常に働いてい

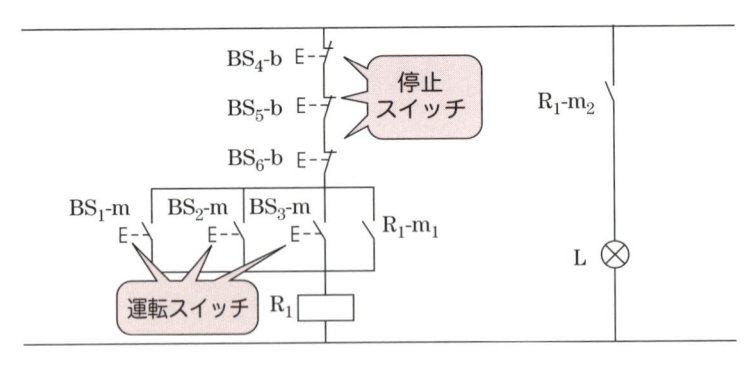

図3-36 複数箇所からの運転停止回路

るとき，ベルトコンベア上の製品は一定間隔を保っています．このとき，もし機械に異常が発生したら直ちに警報を発生する必要があります．その手段の1つが時間監視回路です．時間監視の一例として，一定時間内にタイマがリセットされなければ，異常信号を発生させる方法があります．

図 3-37 は，時間監視回路の例です．光電スイッチのブレーク接点を，タイマのリセットに使用しています．この回路の動作説明は次のようになります．

1. BS-m を押すと，リレー R_1 の回路が自己保持される．
2. リレー R_1 のメーク接点 $R_1\text{-}m_2$ が ON 状態を保ち，タイマ TLR の計時が始まる．
3. タイマで設定した制限時間内に製品が通過すれば，光電スイッチのブレーク接点が作動しタイマがリセットされる．
4. 制限時間内に製品が通過しなければ，光電スイッチのブレーク接点が作動せず，タイマ TLR の限時動作メーク接点 TLR-m が ON になる．
5. TLR-m によって，リレー R_2 の回路が駆動され，警報ブザーが鳴動する．
6. 警報解除ボタン BS-RST が押されるまで，警報は解除されない．

図 3-38 は，時間監視回路のタイムチャートの例です．制限時間内に，制御が終わるかどうかを監視することは，二重の安全対策になります．時間

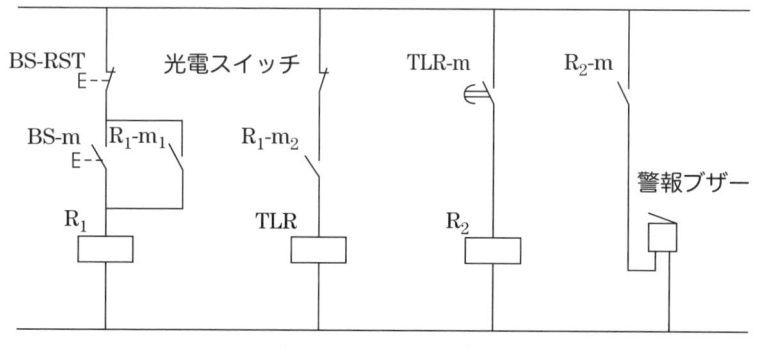

図 3-37 時間監視回路の例

3-4 基本制御回路の応用

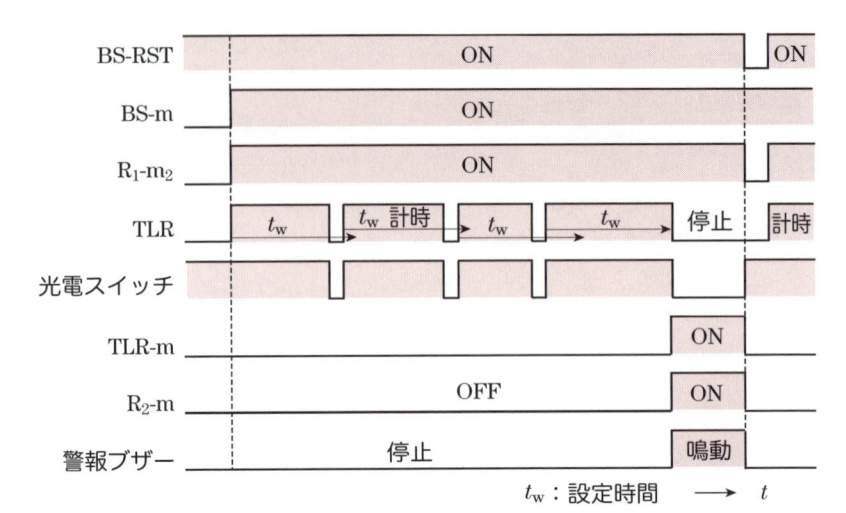

図 3-38　時間監視回路のタイムチャートの例

監視が行われる例としては，自動ドアの開閉，エレベータの上昇下降などがあります．

時間監視回路を入れると，コストはかさみますが，安全性は格段に向上します．このような安全対策をフェールセーフといい，自動制御を行う上で非常に重要な事柄です．

はじめてシーケンス制御行うとき，ほとんどの人は機械を動かすことに集中します．しかし，どのような場合でも安全に配慮し，いかに止めるかを考えておく必要があります．

(3)　順次始動回路

(a)　順次始動回路とは

複数の機械をシーケンス制御するとき，それぞれの機械を始動させる順番が決まっている場合があります．身近な例をあげると，全自動洗濯機では，水を入れてから洗濯モータを動かさなければなりません．これら 2 つの動作を，同時に開始することはできません．このような場合に活躍するのが，順次始動回路です．

(b)　順次始動回路の例(1)

図 3-39 は優先回路を利用した例です．2 つの自己保持回路 A，B で構成されています．

自己保持回路 B は，A の回路が働かなければ，電源から切り離されていて，スイッチを操作しても反応しない仕組みになっています．この回路の動作は次のようになります．

[1]　押しボタンスイッチ BS_2-m を操作しても，R_1-m_3 が OFF であるためリレー R_2 は動作しない．

[2]　押しボタンスイッチ BS_1-m を

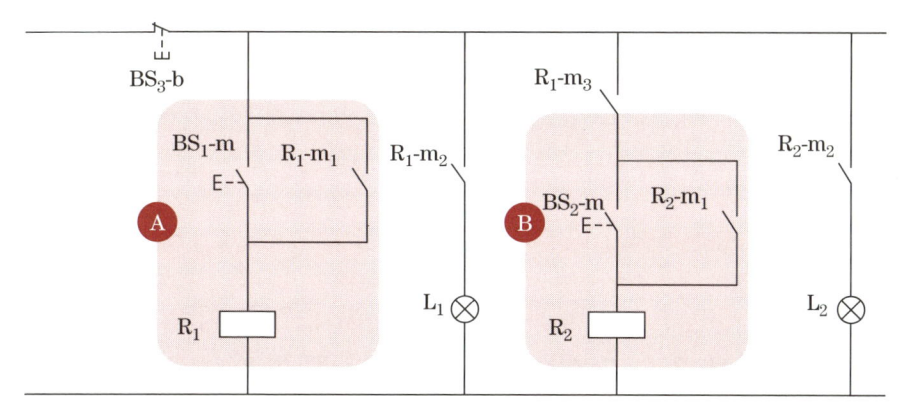

図 3-39 順次始動回路の例(1)

押すと，リレー R_1 が自己保持するとともに，ランプ L_1 が点灯する．

3 その後，押しボタンスイッチ BS_2-m を押すと，接点 R_1-m_3 を通して電源が供給されているので，リレー R_2 が自己保持する．

4 同時にランプ L_2 が点灯する．

5 電源を切るときは，押しボタンスイッチ BS_3-b を押すことにより，リレー R_1，R_2 の自己保持が解除される．

タイムチャートの例は**図 3-40** のようになります．

ランプ L_1，L_2 をリレーに置き換えれば，大きな電流を ON-OFF するこ

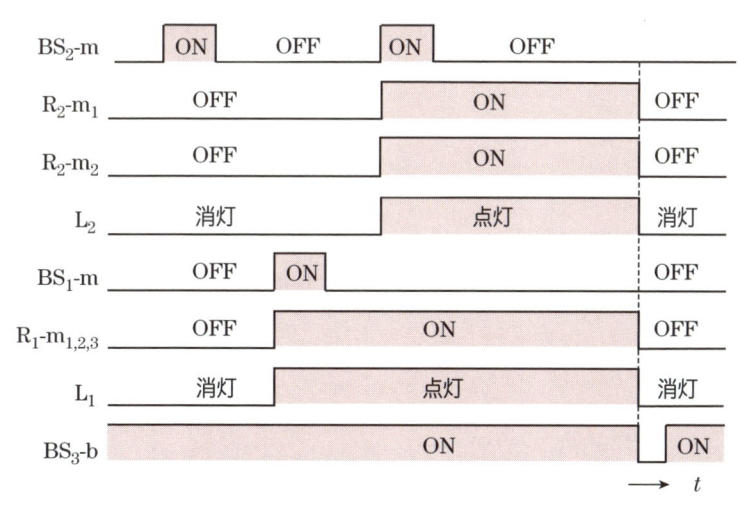

図 3-40 順次始動回路(1)のタイムチャートの例

3-4 基本制御回路の応用

とができます．ただし，図 3-39 の基本回路では，自己保持回路 A，B の優先順位はありますが，時間的な制限はありません．このため必要に応じてタイマ回路を設けます．

(c) 順次始動回路の例(2)

順次始動回路は，タイマを使って実現することもできます．タイマを使うと，各回路の始動タイミングも細かく設定することができます．**図 3-41** はタイマを使った順次始動回路の例です．この回路の動作は次のようになります．

1. 始動スイッチ BS_1-m が押される．
2. リレー R_1 が自己保持され，ランプ L_1 が点灯する．
3. タイマ TLR_1 が計時を始める．
4. TLR_1 の設定時間 t_1 が経過する．
5. TLR_1 の限時動作メーク接点 TLR_1-m が ON になり，ランプ L_2 が点灯する．
6. 停止スイッチ BS_2-b が押されるとリレー R_1 の自己保持が解除され，すべてのランプが消灯する．

この回路のタイムチャートは，**図 3-42** のようになります．タイマをさらに増設していくことによって，3 つ以上の回路の電源を任意のタイミングで順次始動していくことが可能です．

順次始動回路は，ベルトコンベアの始動などのほか，コンピュータ教室などで，コンピュータの電源をいくつかのグループに分けて，順次投入する場合などに用いられます．

(4) 直流電動機の運転回路

(a) 基本回路

直流電動機は，小型で力が強く，簡単に正逆転ができるため，様々な所で使用されています．直流電動機は，加える電源の極性によって回転方向が変わることはすでに説明しましたが，実際の回路を**図 3-43** に示します．

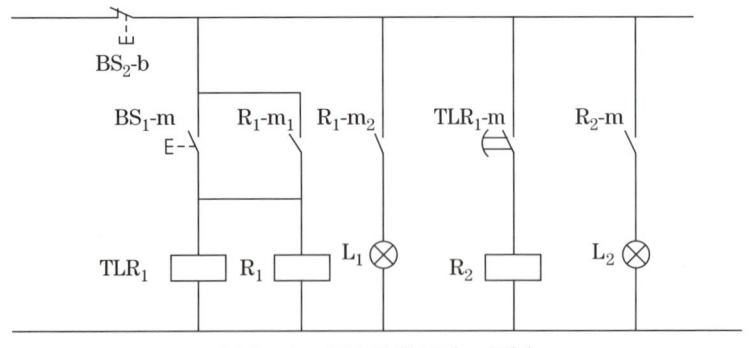

図 3-41　順次始動回路の例(2)

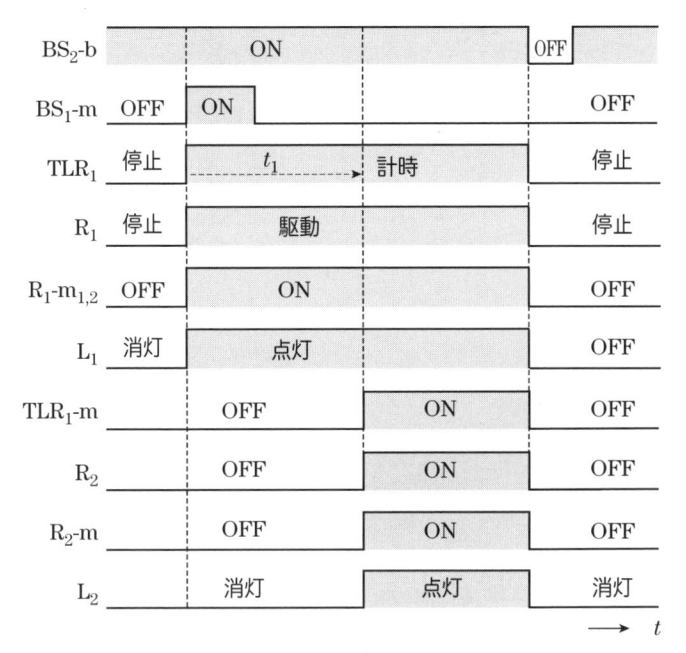

BS_2-b		ON		OFF	
BS_1-m	OFF	ON			OFF
TLR_1	停止	t_1	計時		停止
R_1	停止	駆動			停止
R_1-$m_{1,2}$	OFF	ON			OFF
L_1	消灯	点灯			OFF
TLR_1-m		OFF	ON		OFF
R_2		OFF	ON		OFF
R_2-m		OFF	ON		OFF
L_2		消灯	点灯		消灯

→ t

図3-42 順次始動回路(2)のタイムチャートの例

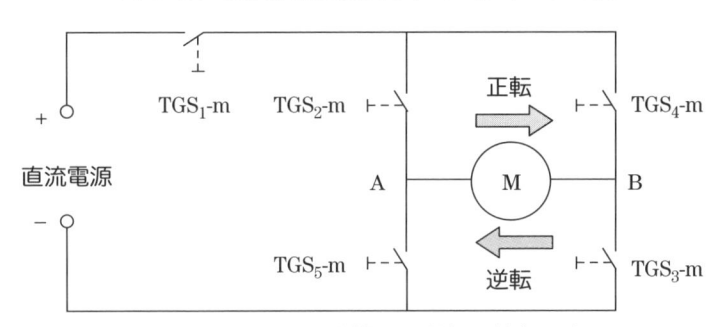

図3-43 直流電動機の正逆転の基本回路

この回路の働きは，次のようになります．

1. 電源のトグルスイッチ TGS_1-m を ON にする．
2. 正転スイッチ TGS_2-m と TGS_3-m を ON にする．
3. 電動機には A から B の方向へ

電源の極性を変えると回転方向が変化するヨ

■ 3-4 基本制御回路の応用 ■

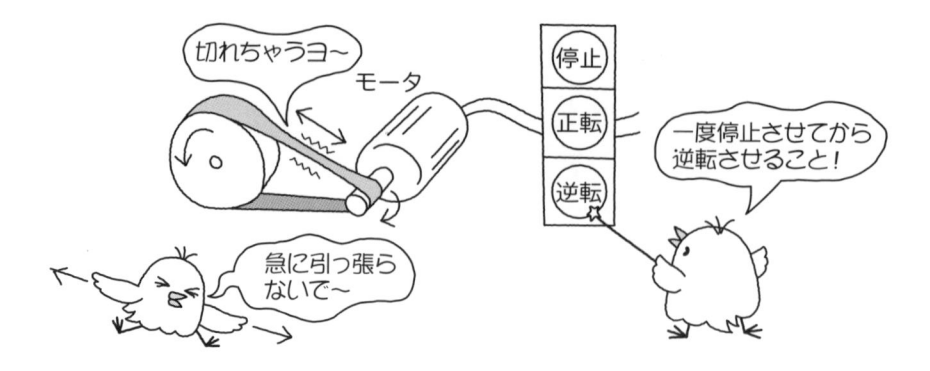

電流が流れ正転する．

④ 正転スイッチ TGS_2-m と TGS_3-m を OFF にすると，電動機は停止する．

⑤ 逆転スイッチ TGS_4-m と TGS_5-m を ON にする．

⑥ 電動機には B から A の方向へ電流が流れ逆転する．

⑦ TGS_1-m を OFF にするか，TGS_2-m から TGS_5-m をすべて OFF にすると，電動機は停止する．

この回路を使用する場合，絶対に正転と逆転のスイッチが同時に ON にならないようにしなければなりません．もし，一時的にでも同時に ON になると電源が短絡してしまいます．必ずインタロックをかけなければなりません．

(b) **正逆転運転を行うときの注意事項**

シーケンス制御を含め，すべての制御を行ううえで最も大切なのは，制御対象の性質を理解し，それに合わせた制御回路を設計する必要があることです．

動いている物体には，現在の状態を保とうとする慣性力が働いています．回転している機械であれば，現在の回転方向を保とうとします．そのため，回転中に突然回転方向を切り替えると，慣性力のため，回転軸に取り付けられたギヤやチェーンなどに過大な力が加わり，機械や電動機の破損の原因になります．また，電動機の電源を切った場合も，大型の機器ほど完全に停止するために時間がかかることに配慮する必要があります．

(c) **正逆転回路(1)**

小型電動機の回転方向を切り替える簡単な回路の例を，**図 3-44** に示します．この回路は，自己保持回路が働いた場合と，解除された場合で回転方向が切り替わります．また，リレーの NC，NO の両方の固定接点を用いることによって，機械的に正逆転のインタロックをかけています．正転信号と逆

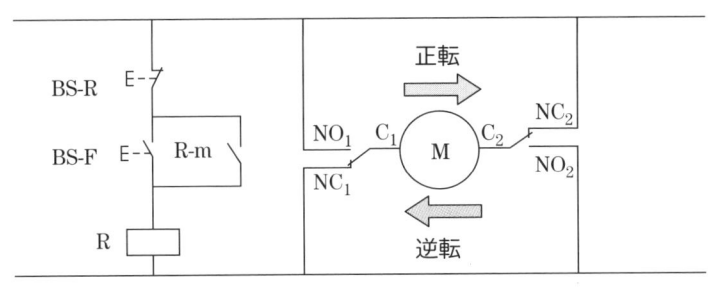

図 3-44 正逆転回路(1)

転信号が独立していませんが，リレー1個で回転方向を切り替えられるため，簡単な制御回路ではよく使われます．**図 3-45** にタイムチャートの例を示します．回転方向の切り替え時間は，使用するリレーの動作時間と復帰時間に依存します．

(d) **正逆転回路**(2)

正転入力，逆転入力を持つ一般的な正逆転回路の例を**図 3-46** に示します．正逆転それぞれにインタロックをかけています．したがって，いったん停止操作をしなければ，回転方向の切り替えはできません．切替接点は，比較的小さな定格電流の場合が多いため，モータの電流を ON-OFF するための接点には，独立したメーク接点を用いています．基本的な自己保持回路とインタロックを組み合わせた回路で構成されます．

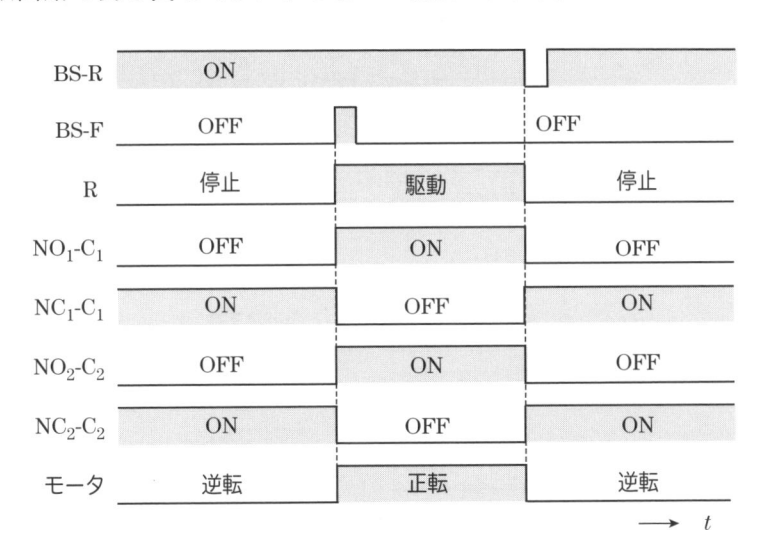

図 3-45 正逆転回路(1)のタイムチャートの例

3-4 基本制御回路の応用

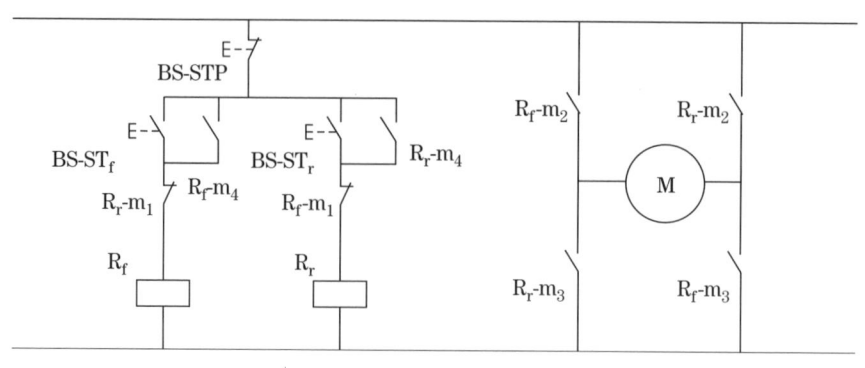

図 3-46　正逆転回路(2)

図 3-47 に，タイムチャートの例を示します．

動作は，次のようになります．

1. 正転始動用押しボタンスイッチ BS-ST$_f$ が押される．
2. 電磁リレー R$_f$ が駆動し，自己保持される．
3. R$_f$-m$_2$ および R$_f$-m$_3$ が ON になり，電動機が正転を開始する．
4. BS-STP が押され OFF になると，自己保持が解除され，電動機が停止する．
5. 逆転始動用押しボタンスイッチ BS-ST$_r$ が押される．
6. 電磁リレー R$_r$ が駆動し，自己保持される．
7. R$_r$-m$_2$ および R$_r$-m$_3$ が ON になり，電動機が逆転を開始する．

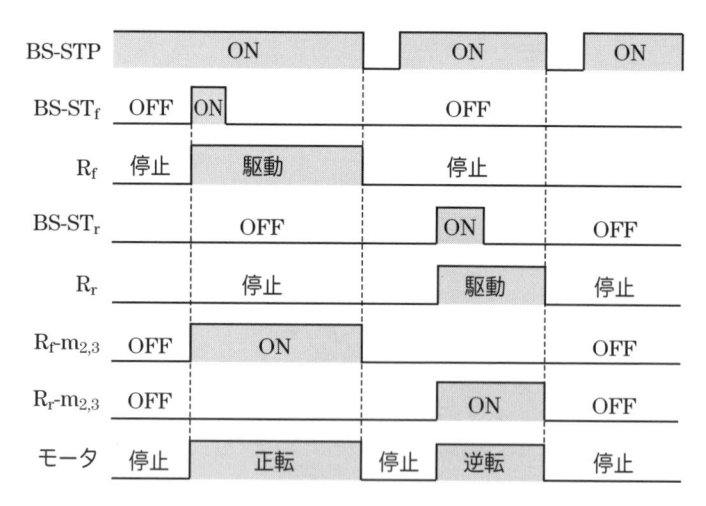

図 3-47　正逆転回路(2)のタイムチャートの例

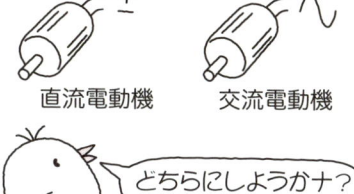

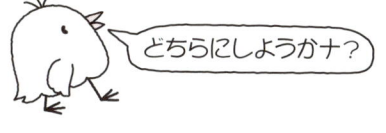

⑧ BS-STP が押され OFF になると，自己保持が解除され，電動機が停止する．

電動機は，大型になればなるほど停止するまでの時間が長くなります．停止していない状態での逆回転は，電動機や制御回路の故障につながります．

(5) リバーシブルモータ運転回路

リバーシブルモータとは，誘導電動機の一種であり，正転，逆転動作がスムーズに行える特性を持っています．単相交流の電圧には，100 V と 200 V がありますが，小型の電動機は 100 V 用がほとんどです．

図 3-48 は，リバーシブルモータの正逆転回路です．モータの大きさにもよりますが，小型であれば一般の電磁リレーで制御可能です．

モータのそばにあるコンデンサ C は，進相コンデンサです．ヒューズなどの保安機器は，省略していますが実際に使用する場合は，必ず安全対策を施します．制御回路自身は，基本的な自己保持回路の応用です．タイムチャートを，図 3-49 に示します．

直流電動機は回転方向の切り替えが簡単にできましたが，直流電源は，電池を用いるか交流電源から変換して作らなければなりません．直流電源の確保が困難な場合にも，リバーシブルモータは有効な動力源になります．直流電動機やリバーシブルモータは，何らかの自動機械に組み込まれる場合が多く，図 3-48 の押しボタンスイッチは，リレーの接点に置き換えられます．

(6) 三相電動機の始動回路

ⓐ 三相電動機の運転に必要な機器

大きな力を必要とする場合には，三相交流電動機が用いられます．制御回

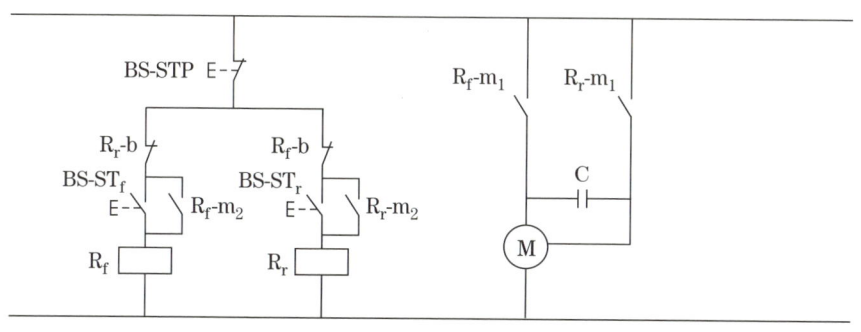

図 3-48　リバーシブルモータの正逆転回路の例

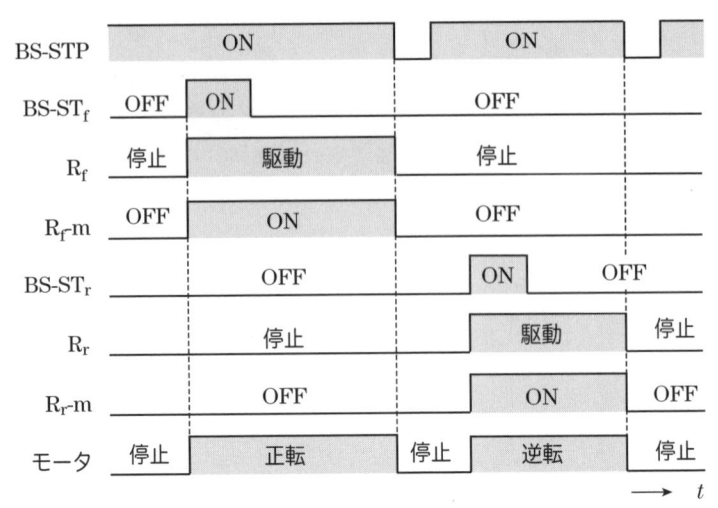

図 3-49　リバーシブルモータのタイムチャートの例

路の仕組みそのものは難しくありませんが，扱う電圧や電流が大きくなるため制御回路を構成する機器も，特殊な仕様になることがあります．

また，三相交流の電圧は，低くても 200 V なので，シーケンス図では，制御回路と電動機の主回路を分けて表します．電動機の主回路は，図 3-50 のような構成になります．配線用遮断器は，主回路全体の開閉と過電流保護の働きをします．電磁接触器は，制御回路によって主回路を開閉する電磁リレーの一種ですが，主接点と補助接点を持っています．サーマルリレーは，個々の電動機を過電流から保護する働きをし，過電流が検出されたことを制御回路に知らせるための接点を持っています．

(b)　始動回路の例

ここでは，図 3-51 に示す始動回路の動作を考えてみましょう．基本的な始動回路は，次のようになります．

1　停止状態では，緑色の停止ランプ GL が点灯しており，停止中

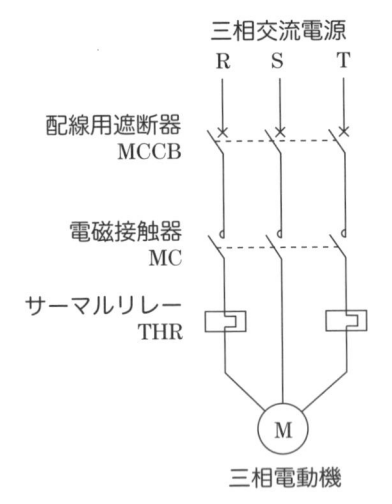

図 3-50　三相電動機の主回路の例

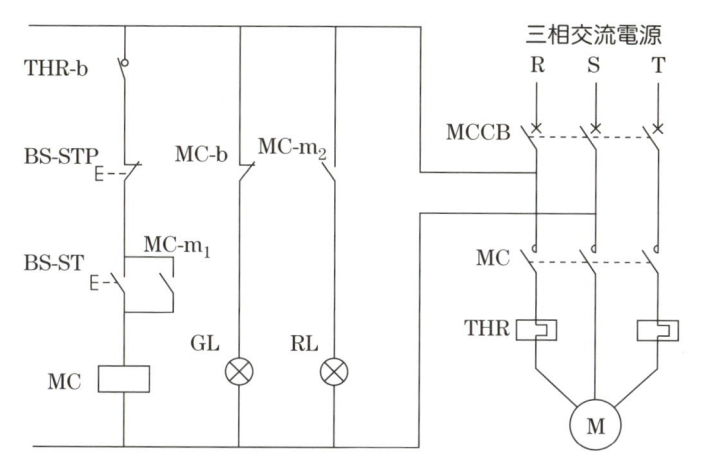

図 3-51　三相電動機の始動回路の例

であることと，運転可能な状態であることを示す．
2. 始動用押しボタンスイッチ BS-ST を押すと，運転開始状態が自己保持される．
3. 電磁接触器 MC の駆動コイルに電流が流れ，電磁接触器が ON になる．
4. 電動機 M に電流が流れ，始動する．同時に，緑色の停止ランプ GL が消灯し，運転中を示す赤色のランプ RL が点灯する．
5. 電動機の負荷が大きく，サーマルリレー THR が過電流を検出した場合，電磁接触器 MC によって主回路を遮断する．
6. 停止用押しボタンスイッチ BS-STP を押すと，電磁接触器 MC によって電動機 M が停止する．

このような電源を開閉するだけの始動方法は，5 kW 程度までの小型の電動機で，始動電流も電源回路への影響がほとんどない場合に使用されます．電磁接触器 MC には，制御回路を効率よく実現するための補助接点がいくつか設けられています．**図 3-52** にタイムチャートの例を示します．

(7) 三相電動機の Y-Δ 始動回路

(a) Y-Δ 始動回路の利点と仕組み

誘導電動機の始動電流は，定格電流の 6 倍以上になることもあります．15 kW を超えるような大型電動機では，始動電流が極めて大きな値になり電源側の電圧を不安定にするなど，周囲の機器の運転に影響を及ぼす可能性が考えられます．そこで，少しでも周囲への影響を抑えるために使われるのが Y-Δ 始動方式です．

電動機の 3 つの界磁コイルは，通常 Δ 接続されていますが，Y 接続す

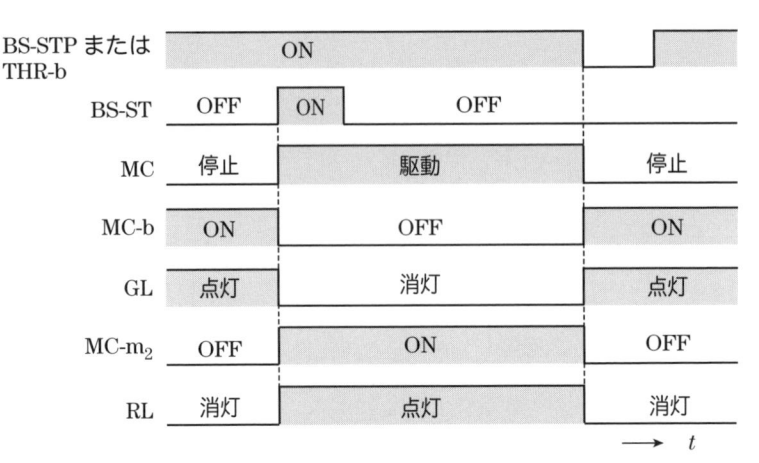

BS-STP または THR-b		ON			
BS-ST	OFF	ON	OFF		
MC	停止	駆動		停止	
MC-b	ON	OFF		ON	
GL	点灯	消灯		点灯	
MC-m₂	OFF	ON		OFF	
RL	消灯	点灯		消灯	

図 3-52　三相電動機の始動回路のタイムチャートの例

ることができれば電動機に流れる電流は3分の1になります．そこで，Y接続で始動し，ある程度時間が経てば自動的にΔ接続に変更する方法がとられます．三相電動機の始動回路であることに変わりありませんので，図3-51の始動回路で実現できます．

(b) Y-Δ 始動回路の例

Y接続とΔ接続の切り替えは，電磁接触器を1台追加した，**図3-53**のような回路になります．Y接続を構成する，電磁接触器の接点 MC_Y と，Δ接続を構成する電磁接触器 $MC_Δ$ を切り替えることによってY-Δ始動を実現することができます．注意することは，2つの電磁接触器の動作には必ずインタロックをかけることです．

Y-Δ の切り替え時間を設定するタイマを使用して，実際の回路図にしたのが，**図3-54**です．操作する部分は，

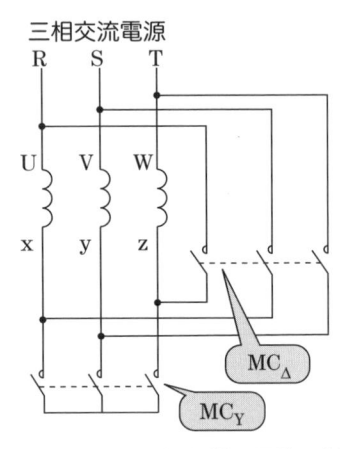

図 3-53　Y-Δ 切り替え回路の例

始動ボタン BS-ST と停止ボタン BS-STP の2つです．始動ボタンが押された後，タイマの設定時間が経過すれば自動的にΔ結線に切り替わります．この切り替えは，電磁接触器 MC_Y と $MC_Δ$ の補助接点を使用して構成することができます．

Y-Δ始動回路を扱ううえで特に注意

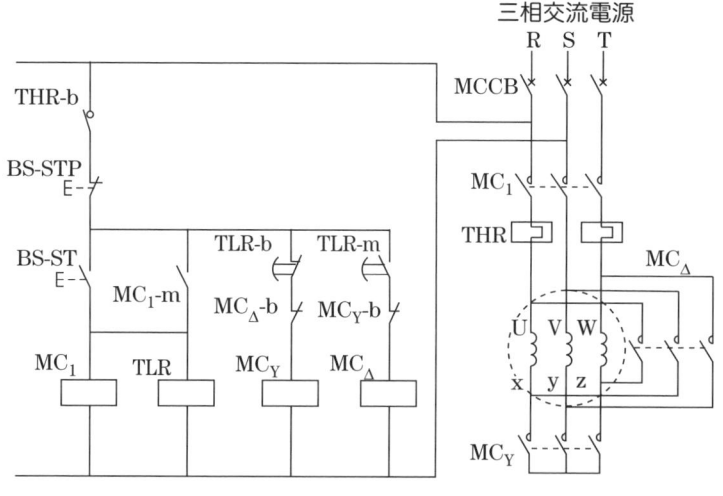

図 3-54　Y-Δ 始動回路の例

したいのは，実際の使用前に Y 接続時と，Δ 接続時の回転方向が同じになっているかどうかを点検してから試運転することです．万が一，逆方向に回してしまうと，電動機に取り付けられた他の機械を破損したり過大な電流が流れたりしてしまいます．図 3-54 の動作説明は，次のようになります．

1. 始動用押しボタンスイッチ BS-ST が押される．
2. 電磁接触器 MC_1 が駆動され，補助接点 MC_1-m により，自己保持される．
3. タイマ TLR が計時を始める．
4. 電磁接触器 MC_1 と MC_Y の接点が ON になり，Y 接続で電動機が運転を始める．
5. タイマの設定時間が経過する．
6. タイマの限時接点が切り替わり，電磁接触器の接点 MC_Y が OFF となる．
7. Δ 接続を構成する電磁接触器 $MC_Δ$ により，電動機が Δ 接続に切り替わる．
8. 停止用押しボタンスイッチ BS-STP が押されると，自己保持が解除され電動機が停止する．
9. 運転中，サーマルリレー THR が働いた場合も，停止用押しボタンスイッチが押されたのと同じく，電動機が停止する．

図 3-54 では，電磁接触器 MC_Y と $MC_Δ$ の補助接点により，Y 運転と Δ 運転の制御にインタロックがかけられています．タイムチャートを**図 3-55**に示します．また，**図 3-56**のよう

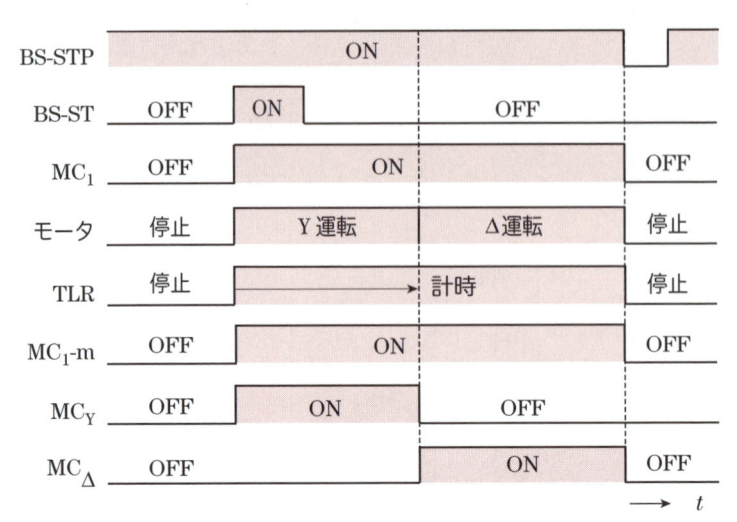

図 3-55　Y-Δ 始動回路のタイムチャートの例

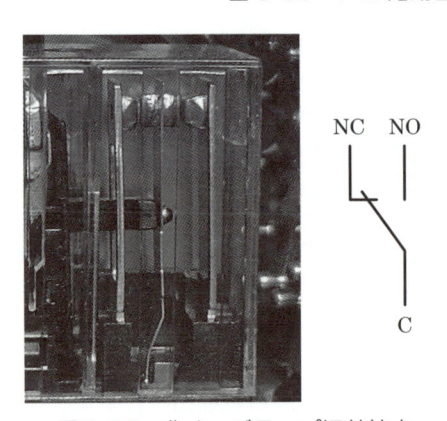

図 3-56　非オーバラップ切替接点

な非オーバラップ切替接点と呼ばれる接点を持つリレーがあり，このタイプを利用すれば，2つの接点が同時にONになることはなく，二重のインタロックをかけたのと同じ働きになります．特に大きな電力を扱う場合，タイマや電磁接触器の接点が働く時間のずれにも気を使いましょう．

(8)　三相電動機の正逆転回路

　三相電動機の正逆転回路は，直流電動機とは異なり電源と電動機を接続する配線のうち，任意の2本を入れ換えるだけで実現できます．具体的な回路は，Y-Δ 始動回路と似ていますが，切り替え時のタイマ回路を必要に応じて追加します．

　図 3-57 は，三相電動機の正逆転回路の例です．正転開始用押しボタンスイッチ BS-ST$_{fm}$ と逆転開始用押しボタンスイッチ BS-ST$_{rm}$，さらに停止用押しボタンスイッチ BS-STP で操作します．

　また，運転状態を表示するための3つの表示ランプを点灯するようにします．正転回路と逆転回路にはインタロックをかけますが，押しボタンスイッチには，図 3-58 に示すよう

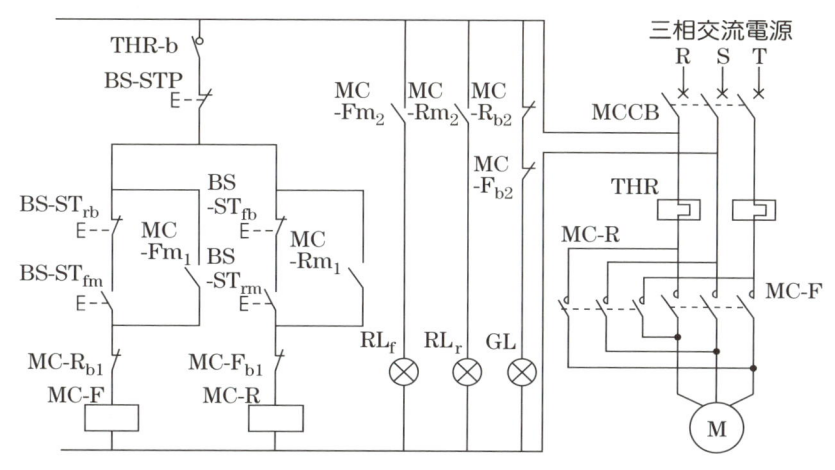

図 3-57　正逆転のシーケンス図の例

図 3-58　2 種類の接点を持つ押しボタンスイッチ

な常時開接点 NO と常時閉接点 NC を併せ持つスイッチを使い，二重のインタロックをかけています．図 3-57 の $BS\text{-}ST_{fm}$ と $BS\text{-}ST_{fb}$，また $BS\text{-}ST_{rm}$ と $BS\text{-}ST_{rb}$ は，その例です．

　制御回路用の電源には，電動機を駆動するための 200 V をそのまま使い，専用の電源を省略しています．このため，制御回路に使用する機器は，200 V に対応したものを選ぶ必要がありますが，総合的に見るとコストダウンにもつながります．

　大きな電気エネルギーを扱ううえで，安全対策は自分自身を守ると同時に周囲の設備に悪影響を与えないためにも大切なことです．慎重な設計を心がけましょう．タイムチャートを，**図 3-59** に示します．

　回路の動作は，次のようになります．

1. 正転始動用押しボタンスイッチ $BS\text{-}ST_{fm}$ が押される．
2. 正転用電磁接触器 MC-F が駆動されるとともに電動機 M が正転運転を開始する．正転回路が

3-4　基本制御回路の応用

119

自己保持され，インタロックにより逆転始動回路が動作不能になる．

3 電磁接触器 MC-F の補助接点 MC-Fm$_2$ が ON になり，正転表示ランプ RL$_f$ が点灯する．

4 停止用押しボタンスイッチ BS-STP が押されると，自己保持が解除され，電動機 M が停止する．同時に停止表示ランプ GL が点灯する．

5 逆転始動用押しボタンスイッチ BS-ST$_{rm}$ が押される．

6 逆転用電磁接触器 MC-R が ON になるとともに，電動機が逆転運転を開始する．逆転回路が自己保持され，インタロックにより正転始動回路が動作不能になる．

7 電磁接触器 MC-R の補助接点 MC-Rm$_2$ が ON になり，逆転表示ランプ RL$_r$ が点灯する．

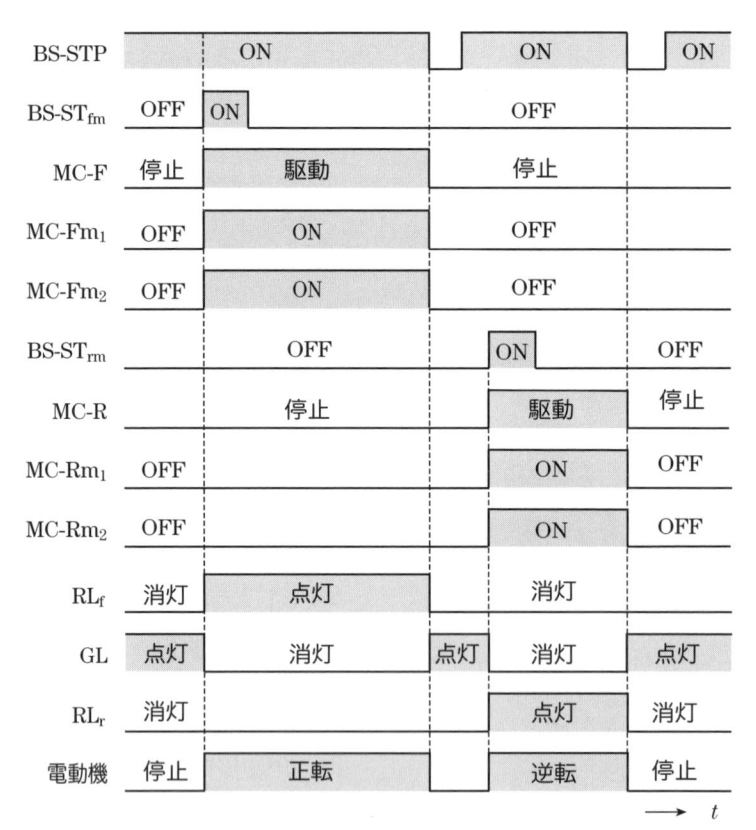

BS-STP		ON			ON		ON
BS-ST$_{fm}$	OFF	ON			OFF		
MC-F	停止	駆動			停止		
MC-Fm$_1$	OFF	ON			OFF		
MC-Fm$_2$	OFF	ON			OFF		
BS-ST$_{rm}$		OFF		ON		OFF	
MC-R		停止			駆動		停止
MC-Rm$_1$	OFF				ON		OFF
MC-Rm$_2$	OFF				ON		OFF
RL$_f$	消灯	点灯			消灯		
GL	点灯	消灯	点灯		消灯		点灯
RL$_r$	消灯				点灯		消灯
電動機	停止	正転			逆転		停止

→ t

図 3-59　正逆転回路のタイムチャートの例

章 末 問 題

1 図3-60の各シーケンス図において，押しボタンスイッチA，B，Cが押された状態を"1"，押されていない状態を"0"また，ランプLが点灯した状態を"1"，消灯した状態を"0"に対応させた真理値表を作成しなさい．

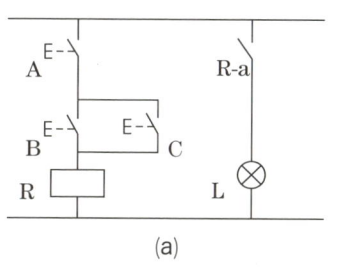

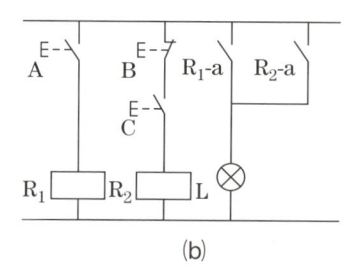

図 3-60

2 表3-10の各真理値表から論理式を導き，**1**と同じ条件でシーケンス図を作成しなさい．

表 3-10

(a)

入力			出力
A	B	C	L
0	0	0	0
0	0	1	1
0	1	0	1
0	1	1	0
1	0	0	1
1	0	1	0
1	1	0	0
1	1	1	0

(b)

入力			出力
A	B	C	L
0	0	0	1
0	0	1	0
0	1	0	0
0	1	1	0
1	0	0	1
1	0	1	1
1	1	0	1
1	1	1	1

3 次のような制御における，開始条件，成立条件を答えなさい．
① 切符の自動販売機で切符を販売する場合．
② エレベータの自動ドアを開く場合．
③ 自動改札機のゲートを開く場合．

4 図 3-62 に示した，電動機制御のシーケンス図について，タイムチャートを描きなさい．

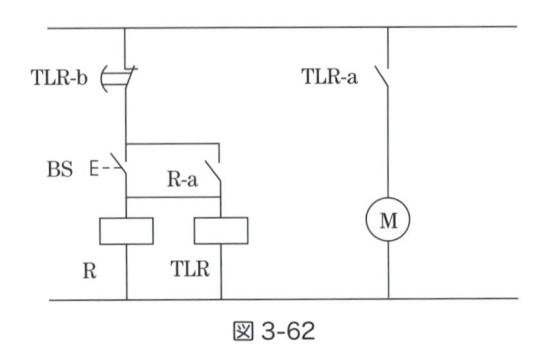

図 3-62

5 図 3-63 のような，交流電動機制御のシーケンス図がある．インタロックがかかる図に描き換えなさい．

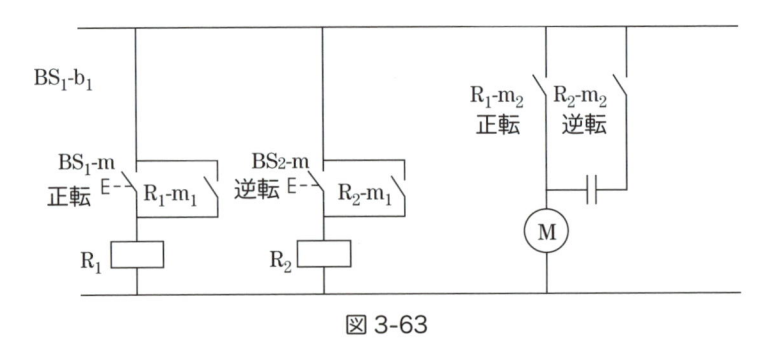

図 3-63

6 図 3-64 に示す電磁接触器 2 台と，サーマルリレー，押しボタンスイッチを用い，三相誘導電動機の正逆転と停止運転を行うシーケンス図を設計しなさい．

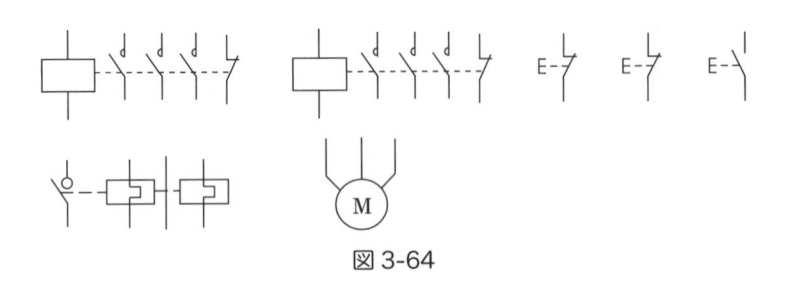

図 3-64

第4章 シーケンス制御の具体例

　これまでの章で，基本的なシーケンス制御の回路について説明を行いました．私たちの身の回りには，自動ドアや交通信号機，自動販売機，エレベータなど，シーケンス制御で動いている機械がたくさんあります．本章では，シーケンス制御の具体例を豊富に取り上げ，実際の制御を行うときに役立つ知識や手法について説明します．
　また，安全に配慮することの大切さと，シーケンス制御を行うことで，より安全で正確な制御が行えることを説明します．

4-1 制御の流れを理解する

(1) シーケンス制御の前に

「さあ，これからシーケンス制御を行ってください．」と，いきなりいわれたらどうしましょう．何をしてよいのか，分かりません．

制御をするには，何が必要なのでしょうか．そもそも，目的や制御する対象がなければ，シーケンス制御は成り立ちません．つまり，制御には，必ず制御される側の機械や設備があるはずです．それを，制御対象といいます．

この制御対象に，目的の働きを行わせることが制御です．シーケンス制御を行う場合には，次のような2とおりのケースがあります．

① すでに動いている機械や設備に，制御装置を取り付け，より高度な働きをさせる場合．
② 最初から，自動制御することを前提に設計された機械や，設備の制御を行う場合．

①のケースも多くありますが，高度な制御を前提として設計されていないと，困難な場合も考えられます．それに比べ，②の場合は，制御対象となる機械や設備と制御装置のバランスがうまくとれていて，効率のよい制御を実現することが可能です．そこで私たちに求められていることは，制御対象に目的どおりの働きをさせるために，最適な制御回路を設計することです．

(2) 制御の仕様を考える

具体的な例として，簡単な洗濯機で制御の流れを考えてみましょう．洗濯機に行わせたい制御の流れを考えてみると，次のようになります．

① 洗濯槽へ自動的に注水する．ただし，洗剤は事前に入っているとする．
② タイマで，最大30分までの時間を設定する．
③ 洗濯槽は，10秒ごとに，左右

に回転方向を変える．
④ 設定した時間がくれば，自動的に停止し，水を排水する．
⑤ 洗濯が終われば，3秒間ブザーを鳴らす．

ここでは，脱水の機能を省略しました．脱水可能な機能がついていれば，制御を追加できますが，そのような機能が備わっていなければ，実現は困難です．

さて，この洗濯機には，どのような装置が必要でしょうか．①から⑤について，それぞれまとめてみますと，次のようになります．

①について
・水道水の開閉装置
・決められた水位まで，水が入ったことを検出する水位センサ

②について
・30分まで時間を設定できるタイマ

③について
・回転方向を切り替えられるモータ
・回転方向を切り替える切替器
・10秒のタイマ

④について
・洗濯層の排水弁

⑤について
・ブザー
・3秒のタイマ

シーケンス制御を行うためには，モータを除いても多数の装置類が必要になることが分かります．このほかに，これらの装置を制御する制御装置が必要となります．

国内で洗濯機が初めて発売されたのは1930年です．その頃の洗濯機にこれだけのものを追加して自動化するとすれば，とんでもない費用がかかることでしょう．

(3) 制御の流れを考える

この洗濯機で20分間洗濯するときの制御の流れを，順を追って考えると次のようになります．

① タイマが20分に設定される．
② スタートボタンが押される．
③ 排水弁を閉じる．
④ 水道の開閉装置を開き，注水を開始する．
⑤ 一定の水位まで達したら水道の開閉装置を閉じる．
⑥ モータ制御を開始する．
⑦ 10秒経過するのを待つ．
⑧ モータの回転方向を切り替える．

⑨ 20分経過するまで⑦と⑧を繰り返す．
⑩ 20分経過したら，モータを止める．
⑪ 排水弁を開く．
⑫ ブザーを鳴らす．
⑬ 3秒経ったらブザーを止める．
⑭ すべての電源を切る．

これだけでも結構複雑に感じられますが，複雑になればなるほど，細心の注意をしていても見落としがあるものです．例えば，④の注水前に③の排水弁を閉じる動作を入れていなければ，いつまで経っても洗濯槽に水はたまりません．水ならまだしも，もしガスを扱うとしたら，少しの見落としが即，人命にかかわる事故につながります．

(4) **制御対象の性質を理解する**

洗濯機そのものも制御対象ですが，制御の段階をたどると，洗濯槽に水を溜めるときの制御対象は水です．勢いよく水を注ぐと水面は上下するので，目的の水位に達したつもりで水を止めると，水位が足りない場合もあります．

また，モータの回転方向を切り替えるときも，モータは急に止まりません．車や電車が急停止できないのと同じで，勢いがついた物体を急に停止したり，逆方向に運転することは機械の破損につながります．

シーケンス制御を実現する際，どうしても制御回路ばかりに目が行きがちになり，制御対象の動きを見落とすことがよくあります．常に，制御している対象の動きに目を向けるよう心がけてください．

(5) **シーケンス制御の実現**

シーケンス制御を実現するためには，タイムチャートや動作説明などを通し，複雑な制御の仕組みを基本回路の応用に置き換えていく努力が必要です．そこで，できるだけ多くの例を通して，様々なシーケンス制御を学んでいきましょう．

4-2 バスの降車ボタン回路

(1) 回路の仕様

通勤，通学でバスを利用している人がたくさんいます．一般の路線バスは，運転手さんだけが乗っているワンマンバスです．

もし，皆さんが次のバス停で降りたいときは，近くにある"降車ボタン"を押すことになります．**図4-1**は，降車ボタンの例です．バスの車内には，たくさんの降車ボタンが配置されており，どのボタンを押しても運転手さんに伝わる仕組みになっています．どこかでボタンが押されれば，"つぎ止まります"などの表示ランプが一斉に点灯する仕組みになっています．

表4-1 降車ボタン回路の仕様例

ⓐ	降車ボタン部分は，ランプと押しボタンスイッチで構成される．
ⓑ	降車ボタンが押されると，チャイムを鳴らし，車内のすべての降車ボタン部のランプを点灯させる．
ⓒ	同時に，運転席の停車ランプを点灯させる．
ⓓ	いったん降車ボタンが押された後，再度ボタンが押されるとチャイムのみ動作させ，ランプの点灯はそのままとする．
ⓔ	回路のリセットは，運転席のドア開閉スイッチと連動させる．

この降車ボタン回路を実現するために，**表4-1**に回路の仕様をまとめてみます．回路の仕様とは，働きや構造などのことです．

図4-1 バスの降車ボタンの例

(2) 降車ボタン部分の回路

各降車ボタン部分は，仕様書に指示されていますが，スイッチの接点をメーク接点にするか，ブレーク接点にするかで制御回路が変わってきます．**図 4-2**(a)は，ブレーク接点を持つスイッチと，ランプの直列回路で表した例です．どのボタンが押されても，電磁リレーの駆動が解除され，ボタンが押されたことを検出できます．しかし，この回路について次のような点が考えられます．

ⅰ 多数のランプを直列接続すると，点灯するために高い電圧が必要になるが，バスの中ではそのような電源がない．また，ランプが1つでも切れると，すべてのランプが点灯しなくなる．

ⅱ スイッチのブレーク接点を使用することは，非常停止回路や警報回路では必要だが，バスの降車ボタンの故障が，人命にかかわる事故につながる恐れはない．

そこで，図 4-2(b)のように設計すると，1箇所の降車ボタン部分は，図 4-2(c)のようになります．バスなどは，車体が金属製ですので，車体そのものを電気回路の一部と考えることができます．したがって，降車ボタン回路は，2本の電線で配線できることになり，しかも押しボタンや電球が故障した場合は，すぐに不良箇所を発見すること

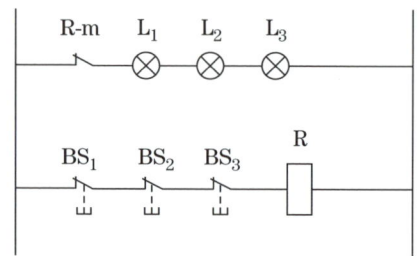

(a) 直列接続による回路

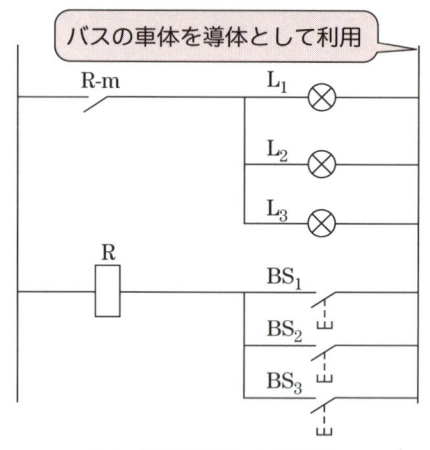

バスの車体を導体として利用

(b) 並列接続による回路

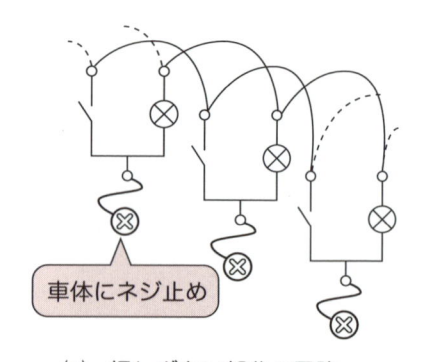

車体にネジ止め

(c) 押しボタン部分の回路

図 4-2　降車ボタン部分の回路例

第 4 章　シーケンス制御の具体例

ができます.

(3) シーケンス制御回路の実現

降車ボタンの回路では，微妙な動作タイミングなどは問題にならないため，比較的簡単に実現できます．基本的には，自己保持回路とチャイムを鳴らすためのワンショット回路の組み合わせで実現できそうです．

図 4-3 は，回路例です．ワンショット回路は，第 3 章で説明したとおりですので，詳細な記載を省略してあります．注意すべきことは，ランプを点灯させるためのリレーの接点容量です．ランプ負荷の場合，定格の 10 倍程度の突入電流がありますので，電磁リレーの接点には余裕のある機器を使わなければなりません．ある路線バスの，降車ボタンを数えてみると 30 個もありました．ランプ 1 個の電流が 0.1 A としても，30 個では 3 A になります．場合によっては，点灯させるランプをいくつかのグループに分ける必要があります．

(4) 回路の検証とその他の注意点

回路ができれば，その回路が実際に仕様どおりに動作するかどうかを確認します．そのために最も簡単な方法は，実際に実験してみることです．

今回の回路は基本的であり，図 4-3 は電気回路の理論にかなっています．しかし，金属製の車体を電気回路の一部として使用しています．金属は必ず

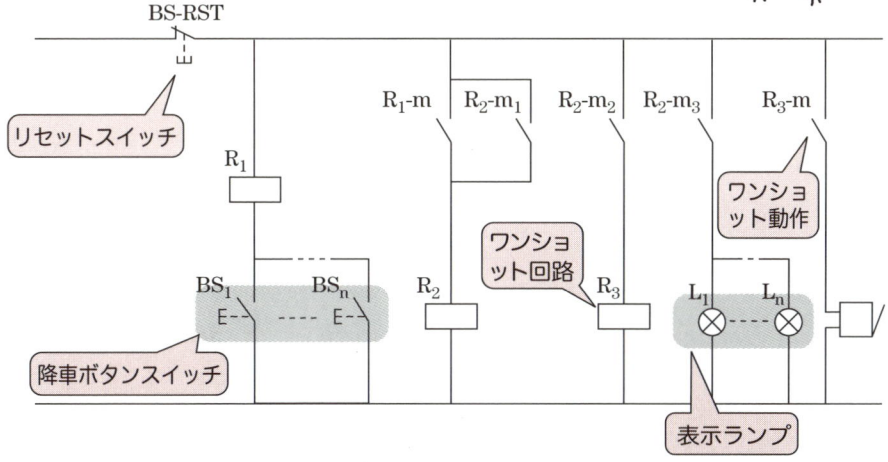

図 4-3 降車ボタン回路の例

4-2 バスの降車ボタン回路

電気抵抗を持っていることを思い出してください．このことは，よく見落としがちな点です．実際のバスの車体は，かなりの長さになりますので，ランプを点灯させるとき，電源に一番近いランプと一番遠いランプでは，距離にして 10 m 以上異なってしまいます．ランプの消費電流はモータなどより小さな値ですが，数が増えれば当然電流も大きくなります．そこで，電圧の低下を最小限に抑える方法がとられます．その1つが，**図4-4** のような母線方式です．距離によって影響がでる場合は，十分な太さの電線を母線として用い，ここから各ランプに接続します．このようにすると電圧の低下は低く抑えられます．

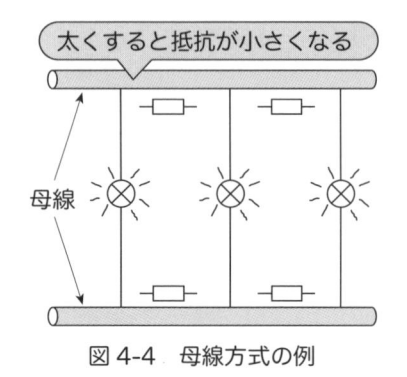

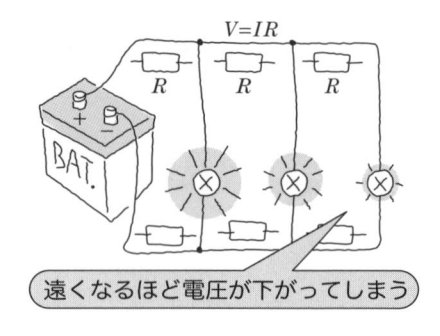

シーケンス図では，実際の配線の長さや電流まで記載されません．しかし，回路を実現するときには目に見えない部分に十分注意を払う必要があります．

さらに，人命を預かる乗り物では，別途，安全基準が定められていることも覚えておいてください．陸上運搬，船舶，航空機また，医療分野で使用される機器には，特別な安全規格があります．陸上輸送では，ブレーキをかけて車体を停止させ，乗客を安全なところに降ろすこともできますが，船や飛行機ではそうはいきません．必ず，必要な安全基準を確認する必要があります．

図 4-4 母線方式の例

4-3 信号機

(1) 信号機とは

交通信号機（以下，信号機と略します）は，交通信号をはじめ船舶，航空機などの安全を守るうえでなくてはならないものです．**図 4-5** は，どこでも見かけることのできる信号機の例です．

今回は，基本的な信号機の制御を考えてみます．多くの信号機は，青，黄，赤のランプが時間の経過に従って切り替わったり，交互に点滅するなどの動作をします．信号機の制御回路は，一般の人が電源を入れたり切ったりできないように，堅牢（けんろう）なケースに格納されています．もちろん，個人が勝手に信号機を設置することはできません．

(2) 信号機の動作

信号機の制御回路を実現するために，**表 4-2** のような仕様の信号機を仮定します．制御は，青信号の点灯から始まります．次に，黄信号から赤信号に制御が移行し，赤信号の消灯とともに最初の制御に戻るようにしなければなりません．

(3) シーケンス制御の実現

(a) 青信号の回路

まず最初に，タイマとリレーを使っ

表 4-2　信号機の仕様例

ⓐ	青信号を，1分点灯する．
ⓑ	黄信号を，30秒点灯する．
ⓒ	赤信号を，1分点灯する．
ⓓ	以降，1から3の動作を繰り返す．

図 4-5　信号機の例

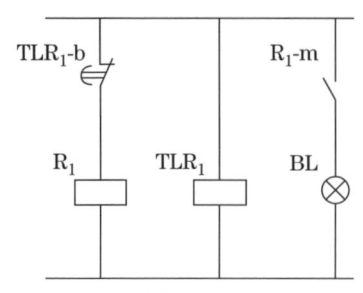

図 4-6　青信号のシーケンス図

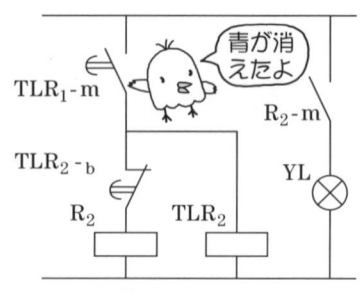

図 4-7　黄信号のシーケンス図

て，青ランプが 1 分間だけ点灯するシーケンスを作ってみましょう．これは，**図 4-6** のように，タイマの限時動作ブレーク接点を使えば簡単に実現できます．これが OFF ディレー動作の基本回路です．

(b)　黄信号の回路に制御を移す

青信号の消灯に続いて，黄信号回路を作動させるには，**図 4-7** のように，青信号回路のタイマ TLR_1 の限時動作メーク接点を使って実現することができます．図 4-6 に示した青信号回路のタイマ TLR_1 が計時を終了することによって，図 4-7 の TLR_1-m が ON になり黄信号回路の動作が開始されます．

TLR_1-m は，この後タイマ TLR_2 がリセットされるまで ON 状態を維持します．

(c)　赤信号の回路と全体の回路

最後の赤信号回路は，黄信号回路と同様に，前段のタイマの接点 TLR_2-m を用いて実現します．赤信号の点灯が終了したら，全体をリセットして青信号の点灯回路に制御を戻さなければなりません．**図 4-8** に，赤信号回路と TLR_3 によるリセット回路を加えた全体のシーケンス図を示します．

(d)　動作確認

最後に，タイムチャートによる動作確認を行います．**図 4-9** は今回の信

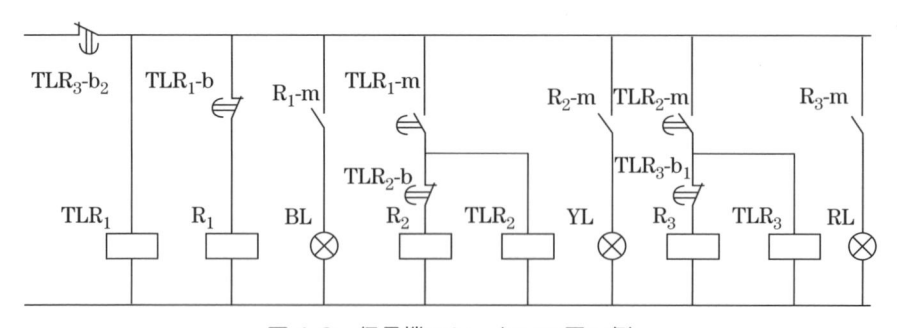

図 4-8　信号機のシーケンス図の例

号機のタイムチャートの例です．各信号ランプが切り替わり，一連の動作が終了すれば青信号に制御が移ることが確認できます．今回は，信号機の例ということで最も基本的な回路を示しま したが，実際の信号機では信頼性を向上させるために，インタロック回路などが組み込まれています．

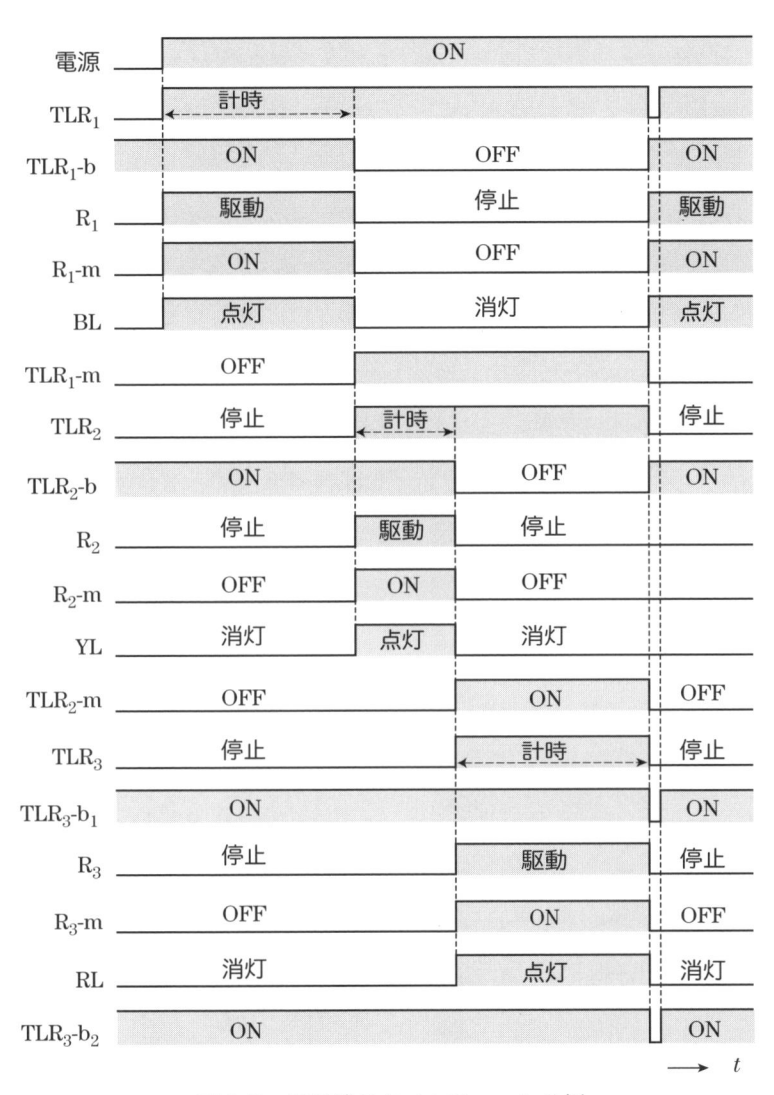

電源	ON			
TLR_1	←計時→			
$TLR_1\text{-}b$	ON	OFF		ON
R_1	駆動	停止		駆動
$R_1\text{-}m$	ON	OFF		ON
BL	点灯	消灯		点灯
$TLR_1\text{-}m$	OFF			
TLR_2	停止	←計時→		停止
$TLR_2\text{-}b$	ON	OFF		ON
R_2	停止	駆動	停止	
$R_2\text{-}m$	OFF	ON	OFF	
YL	消灯	点灯	消灯	
$TLR_2\text{-}m$	OFF		ON	OFF
TLR_3	停止		←計時→	停止
$TLR_3\text{-}b_1$	ON			ON
R_3	停止		駆動	停止
$R_3\text{-}m$	OFF		ON	OFF
RL	消灯		点灯	消灯
$TLR_3\text{-}b_2$	ON			ON

→ t

図4-9 信号機のタイムチャートの例

4-4 判定装置

(1) 判定装置の仕様

スポーツ競技の中には，試技の有効や無効を複数の審判の多数決で決定する場合があります．そのようなときに，試合会場で用いられるのが，判定装置です．機械を用いることによって，より公平な審判が期待されます．

装置に求められる仕様は**表4-3**のようになります．今回は，論理演算の考え方を応用して，シーケンス回路を実現してみます．

表4-3 判定装置の仕様例

ⓐ 3人の審判席には，有効ボタンと無効ボタンを用意する．
ⓑ 3人の審判全員が，有効または無効のボタンを押し終わった後，2人以上が有効判定であれば有効ランプを点灯させる．
ⓒ 無効判定が2人以上であれば，無効ランプを点灯させる．
ⓓ ランプの消灯（リセット）は主審のみが行える．

(2) 論理回路で考える
ⓐ 論理式を導く

第3章で説明した方法に基づいて，論理演算に置き換えてみます．まず，論理演算を適用するため，3人の審判をA，B，Cとし，各審判の有効判定を"1"，無効判定を"0"に対応させます．総合判定Yも有効を"1"，無効を"0"とします．この規則で，判定のパターンを真理値表にしてみると**表4-4**が得られます．

作りたい論理回路の入力が，各審判の判定であり，出力が総合判定結果となります．そこで，出力が"1"のところを抜き出すと，**表4-5**になります．

表4-5から，論理式を導くと，

$$Y = \bar{A} \cdot B \cdot C + A \cdot \bar{B} \cdot C \\ + A \cdot B \cdot \bar{C} + A \cdot B \cdot C \quad (4\text{-}1)$$

表 4-4 真理値表

入力			出力
A	B	C	Y
0	0	0	0
0	0	1	0
0	1	0	0
0	1	1	1
1	0	0	0
1	0	1	1
1	1	0	1
1	1	1	1

表 4-5 判定が有効な組み合わせ

入力			出力
A	B	C	Y
0	1	1	1
1	0	1	1
1	1	0	1
1	1	1	1

となります．

(b) 論理式の簡略化を試みる

得られた，式 (4-1) を論理演算の基本定理に基づいて，できるだけ簡略化してみます．式を変形してみると次のようになります．

$$Y = \bar{A}\cdot B\cdot C + A\cdot \bar{B}\cdot C + A\cdot B\cdot \bar{C} + A\cdot B\cdot C$$

$$= \bar{A}\cdot B\cdot C + A\cdot \{\bar{B}\cdot C + B\cdot (\bar{C}+C)\}$$
$$= \bar{A}\cdot B\cdot C + A\cdot (\bar{B}\cdot C + B)$$
$$= \bar{A}\cdot B\cdot C + A\cdot (B + C)$$
$$= \bar{A}\cdot B\cdot C + A\cdot B + A\cdot C$$
$$= B\cdot (\bar{A}\cdot C + A) + A\cdot C$$
$$= B\cdot (A + C) + A\cdot C$$
$$= A\cdot B + A\cdot C + B\cdot C \quad (4\text{-}2)$$

図 4-10 (a) は，論理回路で表した式 (4-1) の回路です．また，同図 (b) は，論理回路で表した式 (4-2) の回路です．明らかに簡略化の成果が出ています．簡略化した際，重要なことは，元の真理値表と同じ働きをするかどうかを確認することです．実際に，確認作業を行ってみましょう．動作確認は，各部分の信号をたどっていく方法が一番確実です．

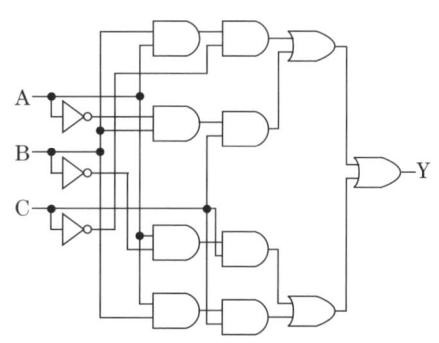

(a) 式(4-1)の論理回路

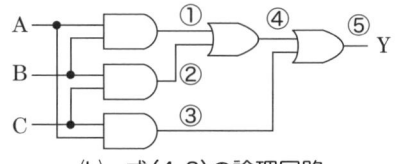

(b) 式(4-2)の論理回路

図 4-10 論理回路の例

もっと簡単にならないかナー

①～④の各箇所の信号は，次の論理式になります．

①：A・B

②：B・C

③：A・C

④：①と②の OR

⑤（出力 Y）：④と③の OR

これらを，表に書き込むと**表 4-6** になります．この表と，元の表 4-4 を比較すると，まったく同じ働きをしていることが確認できます．

論理演算を使っても，回路が必ず簡略化できるわけではありませんが，試みる価値は十分にあります．回路を簡単にするということは，次のようなメリットがあります．

・コストが安くなる．

・故障が少なくなり，信頼性が向上する．

・回路が小型になる．

表 4-6 簡略化した回路の真理値表

入力			途中の状態				出力
A	B	C	①	②	③	④	⑤(Y)
0	0	0	0	0	0	0	0
0	0	1	0	0	0	0	0
0	1	0	0	0	0	0	0
0	1	1	0	1	0	1	1
1	0	0	0	0	0	0	0
1	0	1	0	0	1	0	1
1	1	0	1	0	0	1	1
1	1	1	1	1	1	1	1

今回行った方法は，式を使って簡略化しましたが，他に図や表を使う方法もあります．

(3) シーケンス制御回路の実現

式（4-2）は，審判の多数決を決定する部分だけです．実際の回路には，このほかに表示ランプなどを加えていかなければなりません．**図 4-11** は，シーケンス図の例です．今回の回路は，やや複雑になりますので，タイミングの検証も必要になります．

この回路の，動作説明は次のようになります．

1 審判 A，B，C は，用意された判定ボタンを押す．判定ボタンには，有効判定ボタン BS_s と無効判定ボタン BS_f が用意されている．

2 有効判定と，無効判定にはインタロックがかかっている．

3 各審判の押しボタン回路は自己保持される．

4 各審判の判定は，判定回路で処理される．3 人の審判が，判定ボタンを押し終えると，電磁リレー R_1 が駆動される．

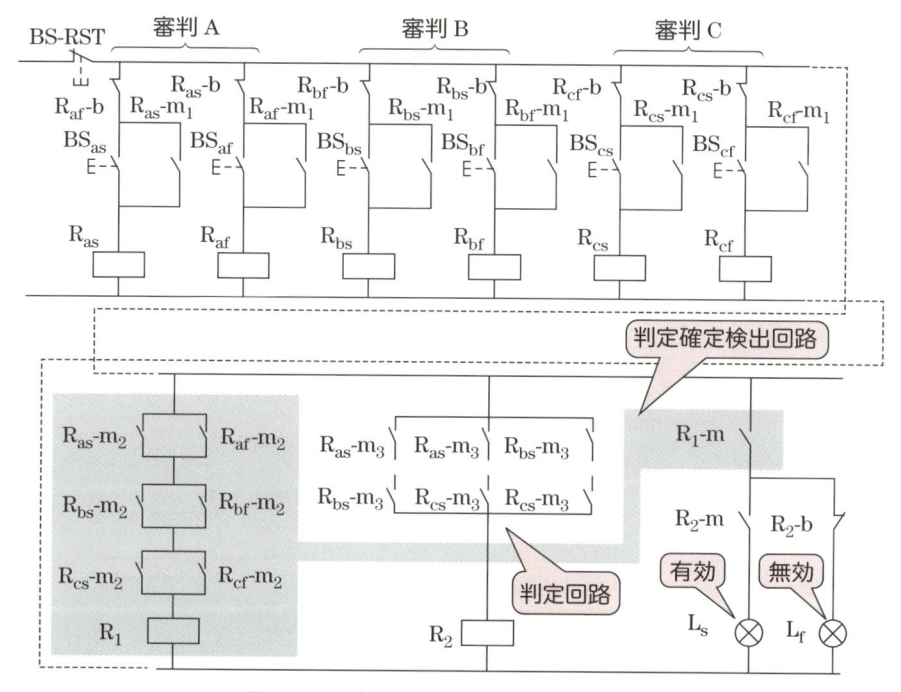

図 4-11　審判装置のシーケンス図の例

5　電磁リレー R_1 のメーク接点 R_1-m が ON になり，有効ランプまたは無効ランプが点灯する．

6　主審が，リセットボタン BS-RST を押すことによって判定結果が解除される．

動作説明から考えると，うまく動作しそうですが，各電磁リレーの動作のタイミングが分かりにくいと思います．タイミングの検証には，タイムチャートを描いて確認する必要があります．

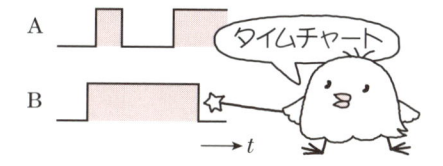

(4) タイミングの検証

判定スイッチは全部で 6 個になりますので，すべての組み合わせを書き出すと，非常に複雑になります．**図 4-12** は，審判 A，B が有効判定，C が無効判定だった場合のタイムチャートの例です．このタイムチャートを見ると，3 人の審判全員が入力を完了してから，リレー R_1 が駆動されま

4-4　判定装置

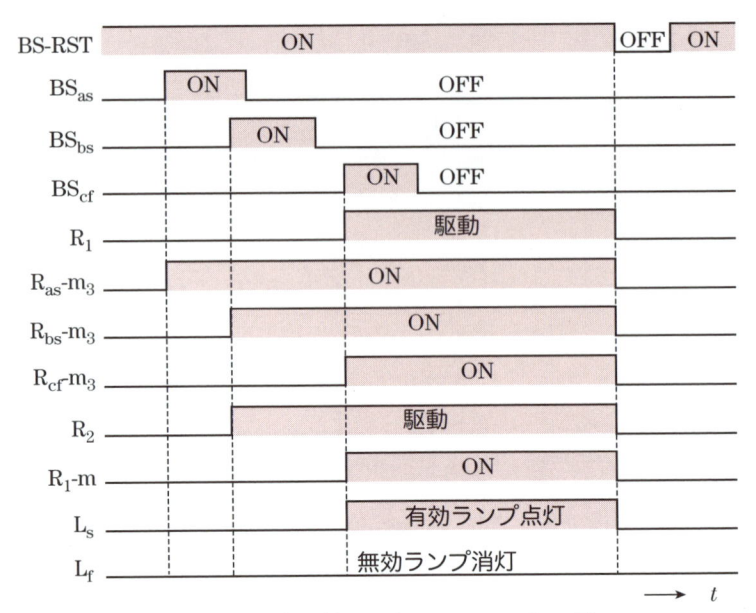

図 4-12 審判装置のタイムチャートの例

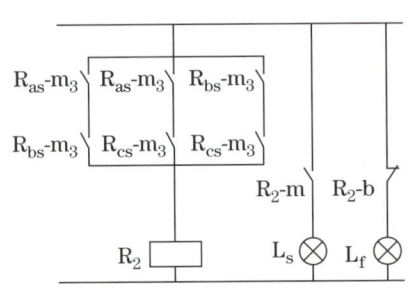

図 4-13 判定確定検出を省略した回路

す．ランプの点灯回路で，注目する点は，3人の判定が確定してから，結果を表示させている点です．図4-11では，判定確定検出回路によって，3人の判定が終了して，はじめて表示回路が働くようになっています．もし，**図4-13**のように設計すると，3人がそれぞれ判定ボタンを押すたびに表示が変化し，見ている側に不信感を与えてしまい判定装置の役割を果たしません．

(5) その他の工夫

今回は，判定結果をランプのみで示すようにしましたが，ブザー音などでも知らせる回路を追加することも可能です．

第4章 シーケンス制御の具体例

4-5 裁断機

(1) 裁断機の仕組み

図4-14の機械は，紙を裁断する裁断機と呼ばれる機械です．2つのスイッチを同時に押すことによって，刃が降りて紙を切ります．簡単な製本作業のために，会社や学校などでよく使われています．

(2) 2つのスイッチの働き

裁断を行うために，なぜ2つのスイッチを同時に押さなければならないのでしょうか．

1つのスイッチだけで操作できる方が，簡単で作業のスピードも速くなります．しかし，スイッチを操作していないほうの手を，刃で傷つける恐れがあり，過去，実際に事故が起こった例があります．作業を急ぐあまり，片方の手で紙を押さえたり，切りくずを取り除きながら作業を行ったために事故が起きてしまったのです．そこで，図4-15(a)のように，裁断開始スイッチを2つにし，両方のスイッチを押さなければ，機械が動かないようにしてあります．もし，片方でも手を放せば，刃の動きも止まってしまう構造になっています．つまり，裁断の刃物が動く

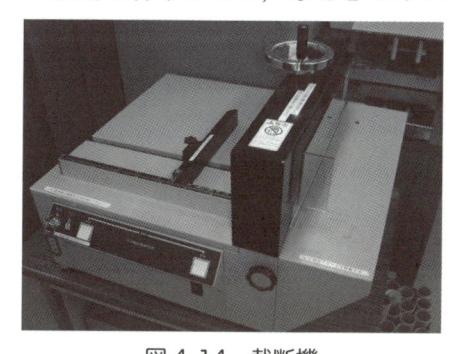

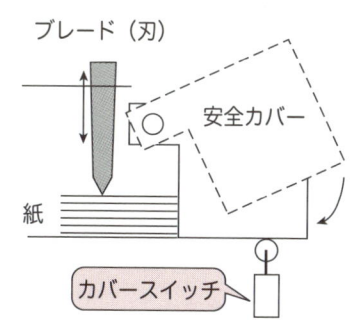

図4-14　裁断機

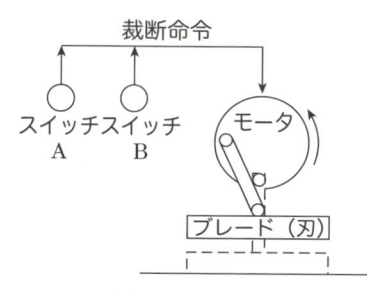

(a) 裁断の仕組み　　(b) 安全カバー

図4-15　裁断機の仕組み

ブレード（刃）
安全カバー
紙

両手で押すから安全ダヨ！

には，手が安全な場所にあることが成立条件になります．さらに，図4-15(b)のような安全カバーとカバースイッチにより，安全カバーを閉じていなければモータが動作しない仕組みになっています．これら二重の安全装置により，通常の使い方をしていれば，手や指を傷つけるような事故は起こらないように配慮されているのです．

(3) 制御回路の仕様

裁断機は，1回の裁断が終われば，ボタンが押されていても刃物が停止します．刃物は図4-15(a)のように，ギヤードモータが1回転することによって1回の裁断を行う仕組みになっています．そこで，モータの回転軸の位置を検出するための位置スイッチが必要です．

制御回路に使用する機器をまとめてみると，

・2つの裁断開始ボタン
・交流電動機

表4-7 裁断機の仕様例

ⓐ 主電源スイッチは，鍵付のキースイッチとする．
ⓑ 紙がセットされ，安全カバーが閉じられると，カバースイッチが作動する．
ⓒ 裁断スイッチA，Bの両方が押されると，モータが回転を始め刃物が降下する．
ⓓ モータ起動中に，裁断開始スイッチA，Bのいずれかでも復帰すると，モータは停止する．
ⓔ いったん停止した後に，再度A，Bのスイッチが押されると動作を再開する．
ⓕ モータの位置スイッチが，停止位置を検出すれば，モータが停止する．

・安全カバーが閉じられていることを検出するカバースイッチ
・モータの位置スイッチ

などが必要です．

表4-7に，これらの機器を使った裁断機の仕様例を示します．

(4) 操作スイッチ

今回の回路では，主電源のキースイッチを除いて停止スイッチは設けません．停止については，2つの裁断スイッチA，Bのいずれかが復帰することが緊急停止条件になるからです．緊急停止スイッチを設けるより速く，運転を停止させることができます．

次にA，Bのスイッチはメーク接点(a)とし，直列接続でAND条件を作ります．つまり，両方のスイッチが押さ

れたときだけ，モータが駆動されるようにするのです．また，カバースイッチもメーク接点(a)を用いることにします．

(5) モータの回転位置検出

減速機構で回転数を下げ，トルクを大きくしたギヤードモータを用います．出力軸に円盤を取り付け，クランク機構で刃物を上下します．裁断命令により，円盤が1回転して停止する回路を設計しなければなりません．**図4-16**に，モータの駆動部分だけを取り出して示しました．

モータは，単相交流で働くものを使い，リレーRによってON-OFFします．また，位置スイッチには，リミットスイッチLSを用います．

(6) モータの制御回路（失敗例）

今回の回路は，一見簡単そうで一気にシーケンス図が描けそうに見えます．**図4-17**は，誰もが一度は経験する失敗例です．次に不都合の理由を示します．

- モータが停止位置にあると，リミットスイッチLSのメーク接点が，ONになっているので始動できない．
- もし，停止位置から離れているとモータは駆動され，停止位置で停止するが，次回は始動できない．

この問題を解決するために，始動時にタイマを使って，短時間だけリミッ

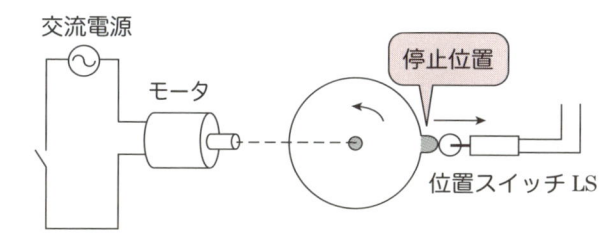

図4-16　モータ駆動部分

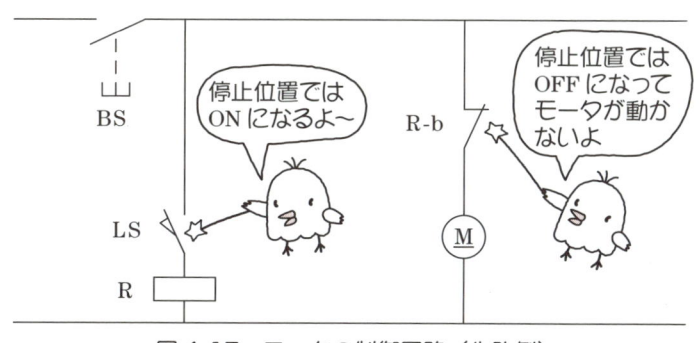

図4-17　モータの制御回路（失敗例）

4-5　裁断機

トスイッチを無視すれば，一応回路は動作しますが，正しい方法とはいえません．一瞬の隙にも危険が潜んでいるからです．そこで，回路を検討しなおす必要があります．

(7) モータの制御回路（改善例）

停止位置検出スイッチを，何とか1個で済ませたいのですが，今回の仕様では困難です．そこで，位置検出のリミットスイッチを2個にしてみます．

停止位置にあることを検出するのではなく，停止位置に侵入したことを停止条件にします．そのために，**図4-18**のようにリミットスイッチ2個を隣り合わせて設置します．2個のリミットスイッチは，できる限り近くに設置するようにします．

モータが，図4-18の矢印の方向に回転しているとすると，リミットスイッチの状態はLS_1-ONの後LS_2-ONとなります．この状態の変化を検出して，モータを停止させることにします．

図4-19に，リミットスイッチの状態の変化と停止条件の成立のようすをタイムチャートで示します．**図4-20**は，2個のリミットスイッチを使ったモータの制御回路です．

進入側リミットスイッチLS_1はリレーR_1によって自己保持されます．次に，停止位置検出リミットスイッチLS_2が働くと，リレーR_2によって自己保持されます．停止条件はリレー

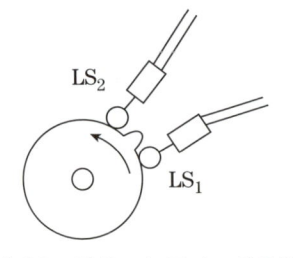

図4-18　リミットスイッチの追加

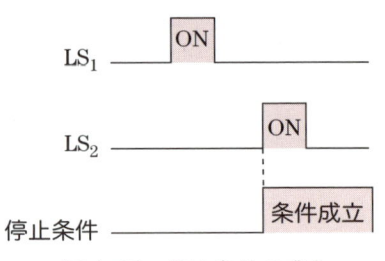

図4-19　停止条件の成立

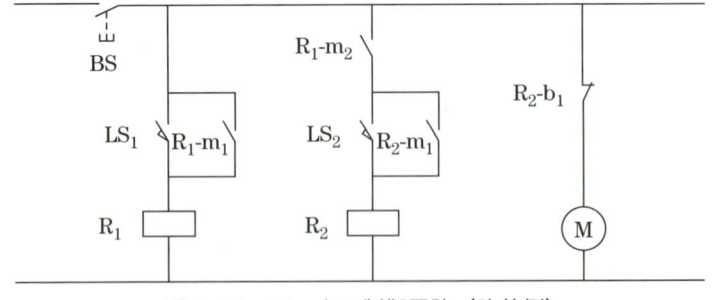

図4-20　モータの制御回路（改善例）

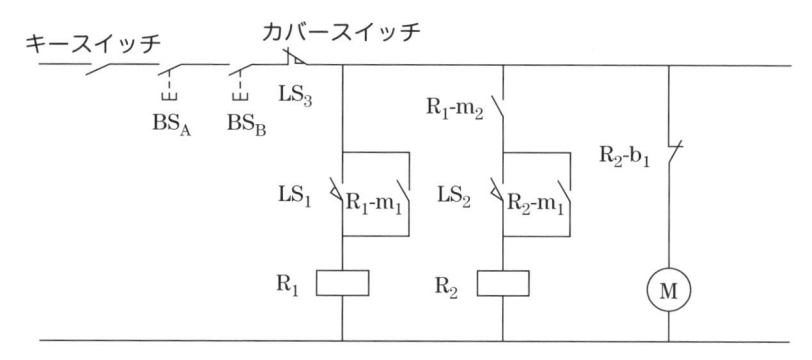

図 4-21　裁断機全体のシーケンス図

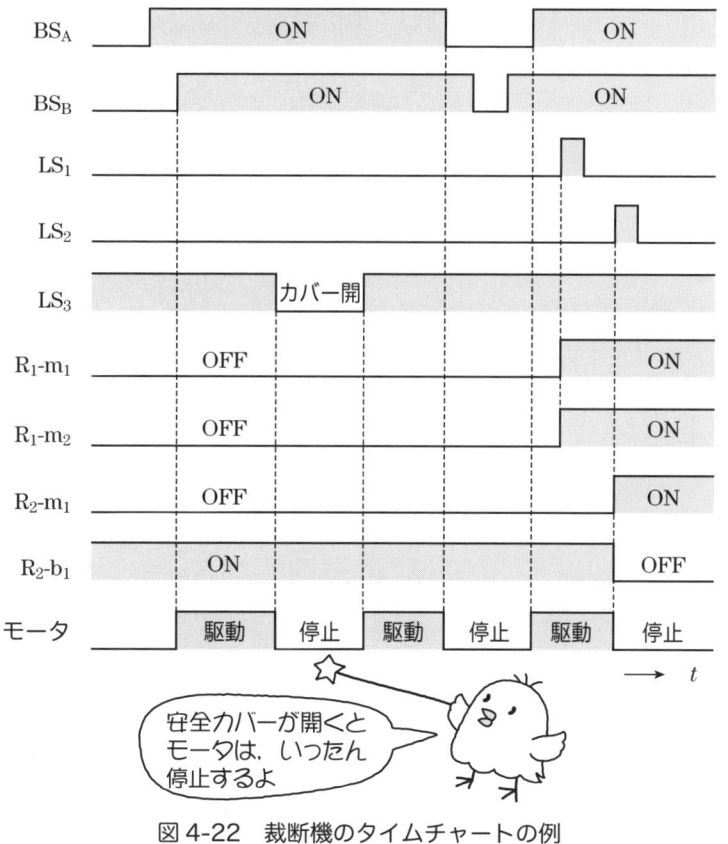

図 4-22　裁断機のタイムチャートの例

安全カバーが開くとモータは、いったん停止するよ

4-5　裁断機

の接点 R_1, R_2 の論理積で構成します．使用する機器は多くなりますが，仕様を満足する回路になります．

図 4-21 に，押しボタンスイッチとカバースイッチを加えた裁断機全体のシーケンス図を示します．裁断が終了すれば，モータが停止します．また，押しボタンスイッチ，カバースイッチのいずれかが OFF になると，モータは緊急停止します．回路は複雑ではありませんが，動作は少々複雑です．

図 4-22 にタイムチャートの例を示します．

4-6 自動給水装置

(1) 自動給水装置とは

高層マンションや百貨店，高層オフィスビルなどで使用されている水道は，一般の供給方法では圧力が不足し，高層階では使用できません．そこで，図4-23に示すような専用の水槽を高所に設け，いったんポンプでくみ上げた水を供給することがあります．

このような場合，人間がそのつどポンプを運転していては大変ですので，シーケンス制御が活躍します．制御としては，比較的簡単な部類に属しますが，インフラ（社会基盤）である水を扱うには信頼性の高さが求められます．シーケンス制御を実現するため，表4-8に回路の仕様をまとめてみました．

(2) 水位を検出するスイッチについて

水位の検出には，フロートスイッチが使用されます．図4-24は水位とフロートスイッチの状態を示しています．

日常生活にとって，重要な水を確保

表4-8 自動給水装置の仕様例

ⓐ	上限スイッチが作動すると揚水ポンプが停止する．
ⓑ	下限スイッチが作動すると，揚水ポンプが作動する．
ⓒ	ポンプが作動せず，水位が警告レベルに達したときは警報を鳴らす．
ⓓ	警報を止めるための確認スイッチを設ける．
ⓔ	ポンプは，三相交流により運転されるものとする．

図4-23 屋上に設けられた高架水槽の例

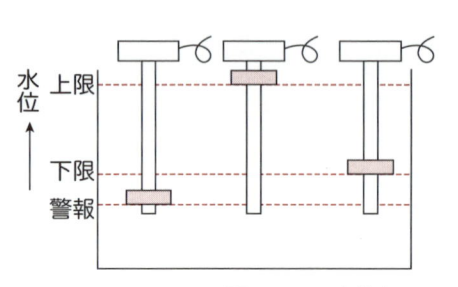

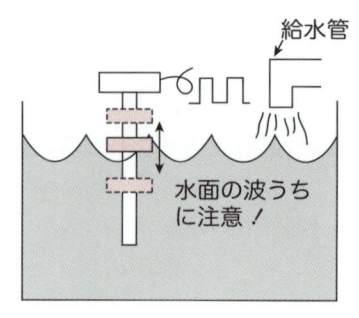

図 4-24　水位とフロートスイッチの状態

する装置ですので，故障は極力避けなければなりません．そこで，上限スイッチは，ブレーク接点を使います．その理由は，非常停止スイッチの場合と同じく，接点の接触不良が起きた場合に運転ができず，水があふれ出ることがないようにするためです．

次に，下限スイッチはメーク接点を使用することにします．この部分は，接触不良や断線などの故障が起こった場合，ポンプの運転ができませんが，水が止まらない事態につながる可能性が少ないからです．さらに，警報レベルを検出するフロートスイッチにもメーク接点を使用しています．

(3)　制御対象の振舞いに注意

制御回路の基本は，上限に達するまでポンプを運転し，水位が上限に達したらポンプを止める働きです．**図 4-25**に，ポンプの動力系統と警報回路を除いた部分の回路案を示します．

回路はずいぶんシンプルで，電気的にも問題がないように見えます．しか

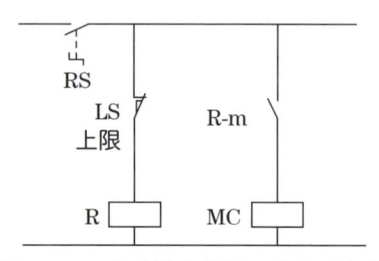

図 4-25　自動給水装置の基本回路案

し，水槽に水が入っていくようすを考えてみてください．強力なポンプで勢いよく注入された水は，水槽の中で波打っているはずです．そのため，水位が上限スイッチに近づくと，接点が頻繁に ON-OFF を繰り返し，ポンプが故障してしまいます．

(4)　制御回路の改良

基本回路案に改良を加え，激しく変化する水位の影響を受けず，安定した制御が行える回路を考えましょう．各フロートスイッチが，水面の波うちの影響を受けないようにするためには，自己保持を行い，状態を記憶する必要があります．**図 4-26**に，自己保持を取り入れた基本的な制御回路を示し

第 4 章　シーケンス制御の具体例

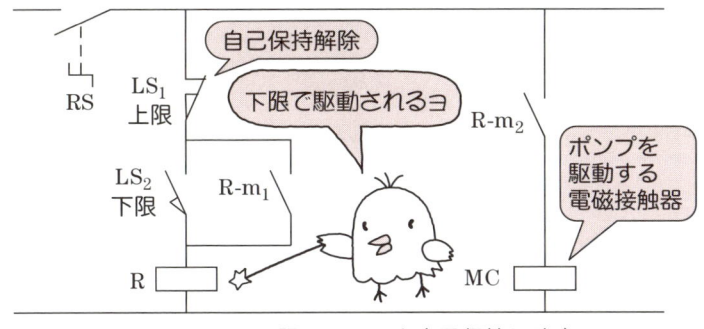

図 4-26　下限スイッチを自己保持に改良

ます．

さらに，警報スイッチ回路も追加します．警報スイッチは，下限スイッチより低い位置に設置されていますが，最初に水槽に給水するときは，警報を発しないようにしておく必要があります．警報を発する条件は，水位が上限から減少するときに限られます．**図4-27** は，上限スイッチが作動したことを自己保持し，警報回路が作動する機能を加えて完成したシーケンス図です．

(5)　**動作の最終確認**

完成したシーケンス図は，少々複雑になりましたが，**図4-28** のタイムチャートを使って動作を考えてみましょう．

<動作説明>

①　水槽が空の状態で，電源スイッチ RS が投入される．

②　上限リミットスイッチ LS_2 は ON であり，リレー R_2 が駆動

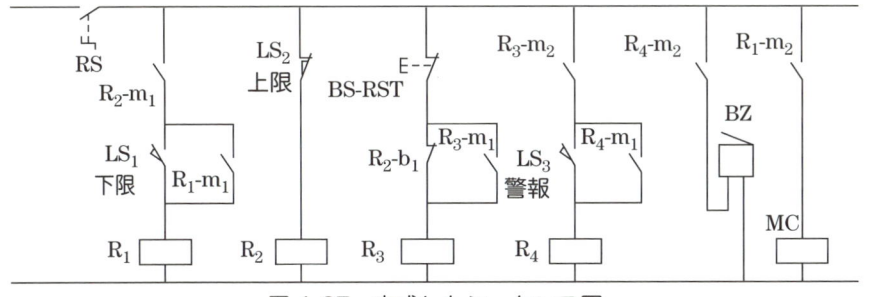

図 4-27　完成したシーケンス図

4-6　自動給水装置

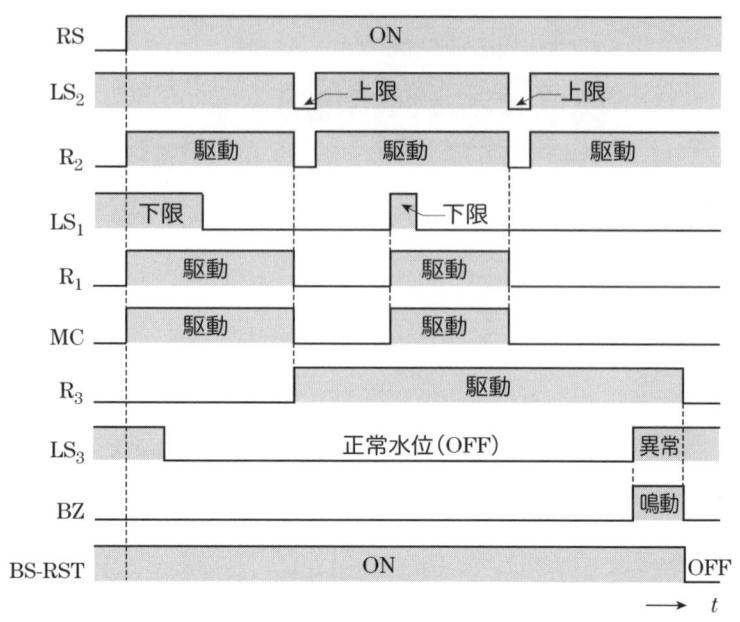

図 4-28 自動給水装置のタイムチャートの例

される．

3 下限リミットスイッチ LS_1 が ON になると，R_1 によって自己保持される．同時に，ポンプ駆動用電磁接触器 MC が駆動され，給水が開始される．

4 水位がゼロの場合，警報リミットスイッチ LS_3 は ON であるが，R_3 は駆動されていないので R_3-m_2 が OFF となり，警報は発しない．

5 次に，水位が下限リミットスイッチに達するが，すでに R_1 は自己保持されており，給水され続ける．

6 水位が上限に達すると，R_2 の駆動が解除され R_2-m_1 が OFF になる．続いて MC が OFF になり，ポンプが停止する．

7 上限リミットスイッチ LS_2 が働いたときは R_3 によって自己保持され，警告水位リミットスイッチ LS_3 の回路が作動可能になる．

8 上限から水面が低下すると，LS_2 が ON になり，LS_1 によるポンプ起動が可能となる．

9 さらに水位が低下し，警告水位に達すると警告ブザー BZ が作動する．警告は解除スイッチ BS-RST で解除できる．

4-7 給湯器

(1) 給湯器とは

私たちの周りは，自動販売機であふれており，ある調査によれば，わが国は世界で一番自動販売機が多い国といわれています．お金を入れて，飲み物を購入する場合もありますが，高速道路のサービスエリアや飲食店には，**図4-29**のようなセルフサービスで飲み物を提供する給湯器が設置されている場合があります．そこで，このような給湯器の制御を考えてみることにします．

(2) 給湯器の仕組み

まず，給湯器の内部の仕組みを考えて見ましょう．一般的な給湯器では，お茶，お湯，お水のサービスが行えるようになっています．

内部には**図4-30**のように，熱湯

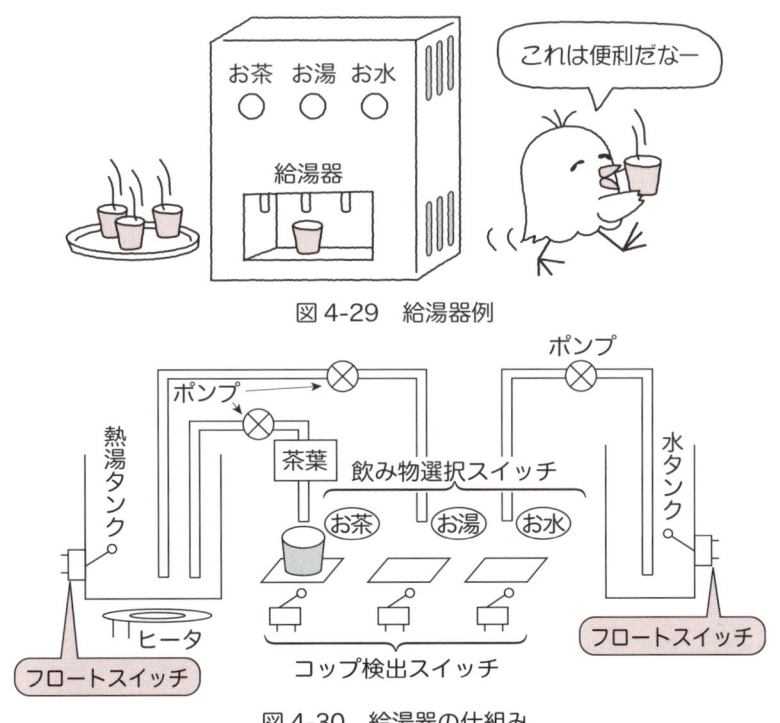

図 4-29　給湯器例

図 4-30　給湯器の仕組み

タンクと水タンクが用意され，飲み物を選択するスイッチや，コップを検出するスイッチなどから構成されています．お茶の場合は，お湯が茶葉ユニットを通してサービスされます．熱湯の温度も自動制御可能ですが，今回は省略することにします．

(3) 給湯器の仕様

給湯器に求められる仕様を検討してみます．**表4-9**は，仕様例です．熱湯を扱うので，必ずコップの検出スイッチを設けます．

(4) 制御回路の実現

機械の規模が大きくなりましたが，必要な制御を行うために，機械の働きを細かく分析することから始めます．

今回の装置は，操作スイッチ部や検出スイッチと，飲み物を注ぐポンプ部などで構成されますので，各機能ごとにブロック図にして表してみると**図4-31**のようになります．

表4-9 給湯器の仕様例

ⓐ 3種類の飲み物を選ぶ選択ボタンスイッチを用意し，ボタンが押されると5秒間だけ飲み物が注がれる．

ⓑ 各注ぎ口の下にはコップの検出スイッチを用意し，コップが置かれなければ，作動しない．

ⓒ 選択ボタンと，コップの検出スイッチの関係に矛盾があれば，作動しない．

ⓓ 各タンクの水位が下がると，補水ランプを点灯させる．補水後，確認スイッチが押されるとランプを消灯させる．

ⓔ 飲み物を注ぐ仕組みは，3個の小型ポンプで行う．

ⓕ お茶のボタンが押された回数が50回になると，茶葉ユニット交換ランプを点灯させる．交換後，確認スイッチが押されるとランプを消灯させる．

ⓖ 安全対策として，ポンプ動作中にコップが持ち上げられたら，直ちに停止させる．

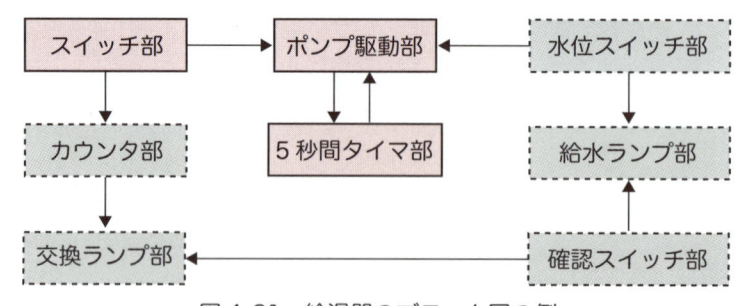

図4-31 給湯器のブロック図の例

各ブロック間の矢印は，制御信号が伝わる方向を示しています．全体を見ると，ポンプを駆動させることに関係する実線部で表示した駆動部分と，給水時期を知らせたり交換時期を知らせたりする破線部で表した周辺部分に分かれます．この2つの部分に分けて，シーケンス図を考えて行きます．

(a) 駆動部分の実現

選択ボタンには自動復帰が必要と思われますので，押しボタンスイッチのメーク接点を使用します．また，コップの検出にもリミットスイッチのメーク接点を使用することにします．

表4-9の仕様を満足させる制御を考えてみると，駆動部分の動作は，次のようになります．

1. 各選択ボタン BS_1, BS_2, BS_3 の操作は，自己保持とインタロックをかける．
2. 選択ボタンの信号と，位置検出スイッチ LS_1, LS_2, LS_3 のAND条件が成立すれば，目的のポンプ M_1, M_2, M_3 を駆動する．
3. 同時にタイマ TLR をスタートさせ，5秒経過すれば停止させる．
4. ポンプ運転中に，位置検出スイッチ LS_1, LS_2, LS_3 が OFF になるとポンプを停止する．

これをシーケンス図に描くと，**図4-32**になります．この段階で，タイムチャートを描いて動作の理解と，確認をしてみます．**図4-33**に，タイムチャートの例を示しました．タイマの接点は，限時動作のブレーク接点を用い，リミットスイッチが OFF になった場合，または5秒後にリセットされます．

(b) 周辺部分の実現

周辺部分の働きは，茶葉ユニットの使用回数が50回に達したとき，ユニット交換ランプを点灯させることと，各

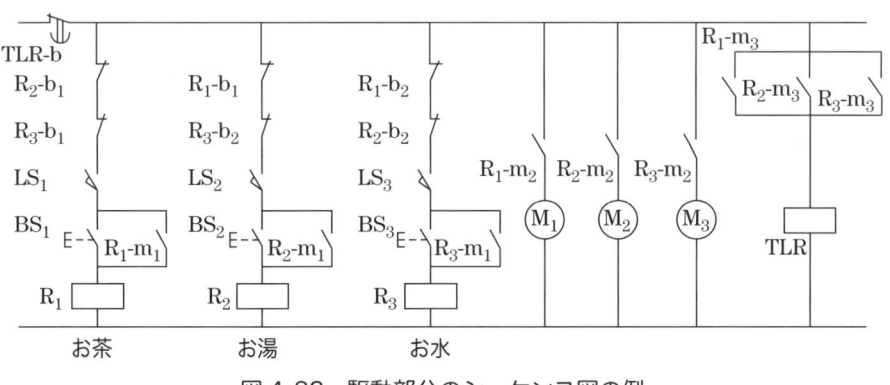

図4-32　駆動部分のシーケンス図の例

4-7　給湯器

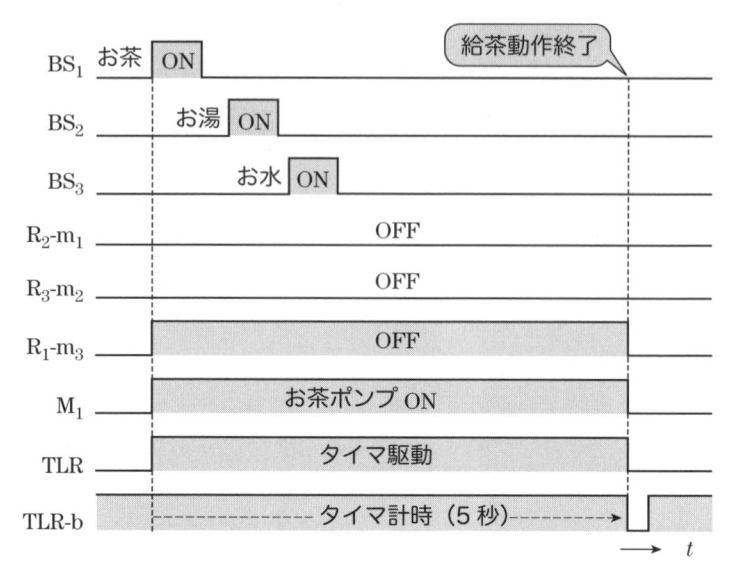

図 4-33　駆動部分のタイムチャートの例

タンクの水位が低下した際、補水ランプを点灯させポンプの運転を停止させることです。

まず、ユニット交換ランプの回路から考えてみます。接点の動作回数を計数するには、カウンタを用います。通常のカウンタは、単に計数を行うだけですが、計数値があらかじめ設定した値に達すると、接点出力を行う機能を持ったカウンタがあります。ここでは、接点出力を持ったカウンタ MCO を用いて制御を実現します。

図 4-34 にカウンタ部の回路の例を示します。計数する信号は、お茶のポンプを駆動する回路から取り込みました。カウンタの仕組みを知るために、図 4-35 にタイムチャートを示します。

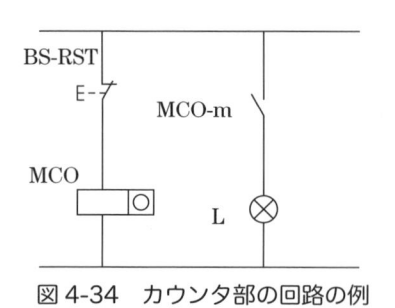

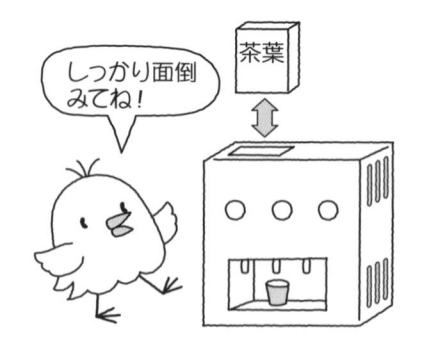

図 4-34　カウンタ部の回路の例

152

第 4 章　シーケンス制御の具体例

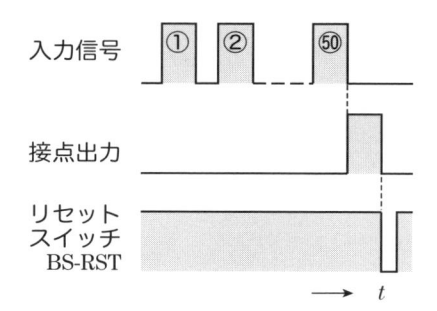

図 4-35 カウンタのタイムチャートの例

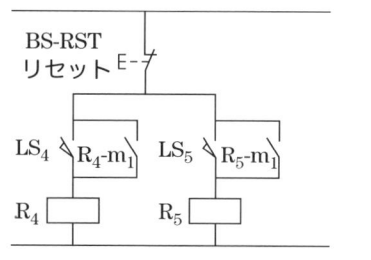

図 4-36 水位スイッチのシーケンス図の例

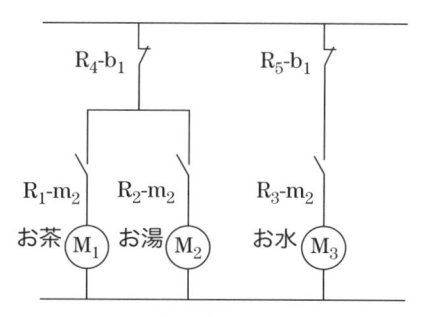

図 4-37 ポンプ駆動部への接続

今回，カウンタのリセットは，押しボタンスイッチのブレーク接点を使用します．ポンプの駆動回数が50回に達するとランプの表示が出ますが，給湯器の機能はそのまま働き続けます．

次は，タンクの補水ランプ回路です．この回路は，ランプを点灯させると同時にポンプの運転を停止させなければなりません．2種類のタンクがありますが，それぞれの水位スイッチがONになると自己保持を行い，ポンプを駆動できないようにします．**図 4-36**にシーケンス図の例を示します．

それぞれの接点 $R_4\text{-}b_1$ と $R_5\text{-}b_1$ は**図 4-37**のように，ポンプの駆動部に直列に入れます．利用者に，できるだけ不便をかけないように，お湯とお水の回路を別にしました．

4-7 給湯器

4-8 エレベータ

(1) いろいろなエレベータ

図 4-38 は，ビルに設置されたエレベータの例です．土地の有効利用のため，建物は地上と地下にどんどん伸びています．階段だけでは効率良く人や荷物の移動を行うことができず，エレベータは私たちの生活に無くてはならないものになっています．

エレベータの利用者には，小さな子供から高齢者までが含まれ，一人で利用する可能性も考えられます．したがって，特に安全性と快適性が求められる機械です．

さて，一口にエレベータといっても千差万別で，個人の家に設置されるホームエレベータから，超高層ビルに設置されているコンピュータ制御による高速エレベータまで様々です．

エレベータは人を運搬することを目的にする場合と，荷物を運搬することを目的にする場合があり，それぞれ安全基準が定められています．実際のエレベータの制御を行う場合は，法令を遵守しなければなりませんが，ここでは基本的な制御の考え方を説明します．

(2) エレベータの基本構造

図 4-39 は，2 階仕様のエレベータの仕組みです．巻き上げ用の電動機は，ホームエレベータを除き，三相同期電動機が一般的に使用されます．また，人が乗るかご室の反対側にカウンタウエイトと呼ばれる錘を取り付けること

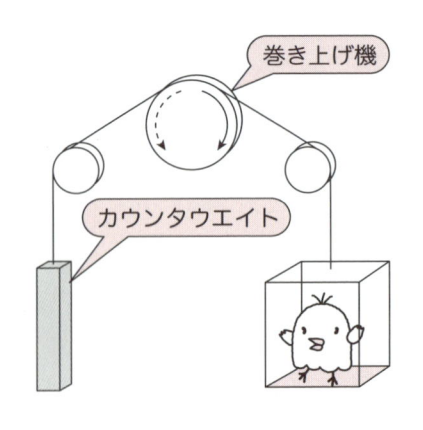

図 4-38　エレベータの例

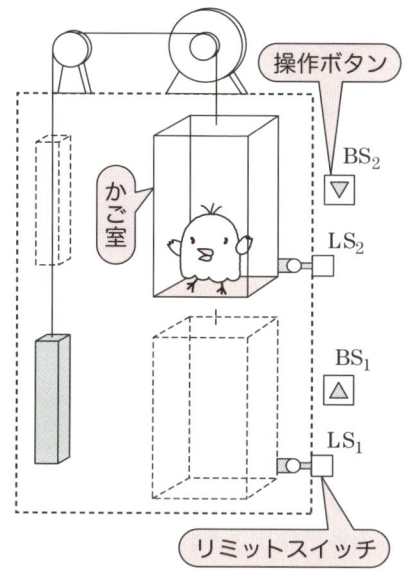

図 4-39 エレベータの仕組

で，安全と消費電力への配慮がなされています．カウンタウエイトの質量は，かご室に定員が乗りこんだ場合の質量の半分に設定します．

各階には，操作ボタンが用意され，利用者は自分が行きたい方向のボタンを押します．もし，かご室が利用者のフロアにあれば，ドアを開けて人を搭乗させますが，別のフロアにあった場合，まずかご室を利用者のフロアまで移動させなければなりません．さらに，かご室の位置検出のため，最低1個のリミットスイッチが必要になります．

(3) エレベータの制御

エレベータを動かすためには，次の制御が必要になります．

① かご室の呼び出し制御
呼び出し要求に応じ，利用者が待つフロアへかご室を運転する．

② かご室の位置決め制御
かご室の床面と建物の床面を一致させ，段差が生じないようにかご室を停止させる．

③ ドアの自動開閉
かご室が正しい位置に停止すれば，ドアを自動で開閉させる．

④ 重量検出制御
かご室と利用者の総重量が制限値を超える場合，ブザーなどを鳴らすとともに，運転を禁止する．

⑤ かご室の速度制御
かご室内の利用者に加わる加速度は，法令で定められており，規定値を超えないように電動機の速度を制御する．

⑥ かご室の行き先制御
利用者が，目的階を指定すると，指定された階まで自動運転を行う．

⑦ 優先順位制御
エレベータの利用者は，各階にいる．ある利用者が1階から8階に移動中に，5階で下降ボタンが押された場合は，いったん8階まで運転した後に5階まで

運転する．しかし，5階の利用者が上昇ボタンを押した場合は，5階の利用者を乗せなければならない．

それぞれの制御は互いに連携しながら働く．

(4) かご室の呼び出し制御(1)

(a) 制御の仕様

エレベータを運転するためには，多くの制御が必要ですが，ここでは図4-39に示した，2階建てのエレベータの呼び出し制御の例を考えてみます．まず，**表4-10**に制御の仕様例を示します．

ここでは簡単にするために，ドアの開閉制御へ移行する部分は省略し，到着ランプを点灯させるところまでを実現することにします．

表4-10 2階建てエレベータの仕様例

- ⓐ 各階の操作ボタンは，メーク接点とする．
- ⓑ かご室を検出するリミットスイッチは，ブレーク接点とする．
- ⓒ 操作ボタンが押された場合，かご室が現在の階にあれば何もせず，ドアの開閉制御へ移行する．
- ⓓ かご室が，現在の階になければ電動機を運転し，かご室を移動させる．
- ⓔ かご室が到着すれば，到着ランプを点灯させ，ドアの開閉制御へ移行する．

(b) シーケンス制御の実現

動作を把握するため，タイムチャートを描くことから始めてみます．**図4-40**にタイムチャートの例を示しました．図を見れば，操作ボタンには自己保持が必要なことが分かります．

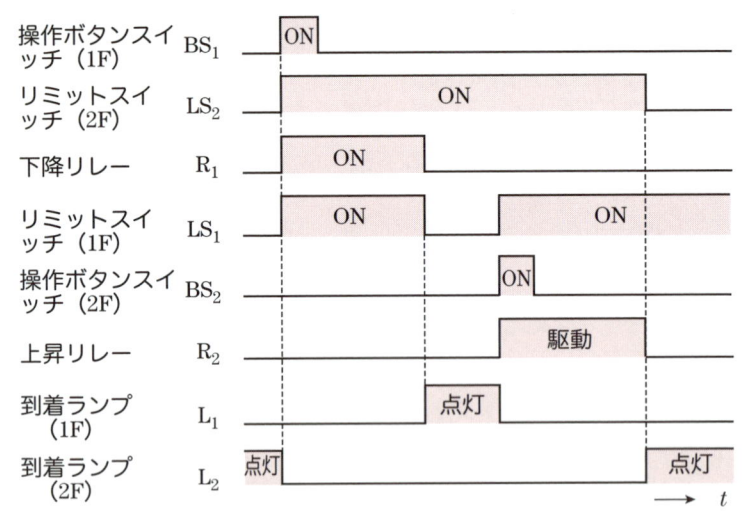

図4-40 2階建てエレベータのタイムチャートの例

図 4-40 のタイムチャートは，2 階にあるかご室を 1 階から呼び出すところから始まっています．1 階の操作ボタンスイッチ BS_1 の状態を自己保持し，電動機の下降運転を開始します．そして，1 階のリミットスイッチ LS_1 が働くことで自己保持を解除し停止させます．注意しなければならないことは，かご室が 1 階にあれば電動機は働かなくてよいので，操作ボタンの働きを禁止することです．

1 階のかご室を 2 階から呼び出す場合も，同様の制御で実現することができます．図 4-41 はシーケンス図の例です．各階の操作ボタンスイッチでインタロックをかけ，またリレーのブレーク接点 $R_1\text{-}b_1$ と $R_2\text{-}b_1$ によってインタロックをかけています．さらに，電磁接触器の回路にもインタロックをかけています．到着ランプの表示回路は参考程度に考えてください．リミットスイッチの接点を増やすには，リレーを使って図 4-42 の回路を用います．

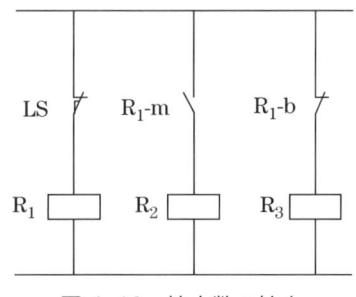

図 4-42　接点数の拡大

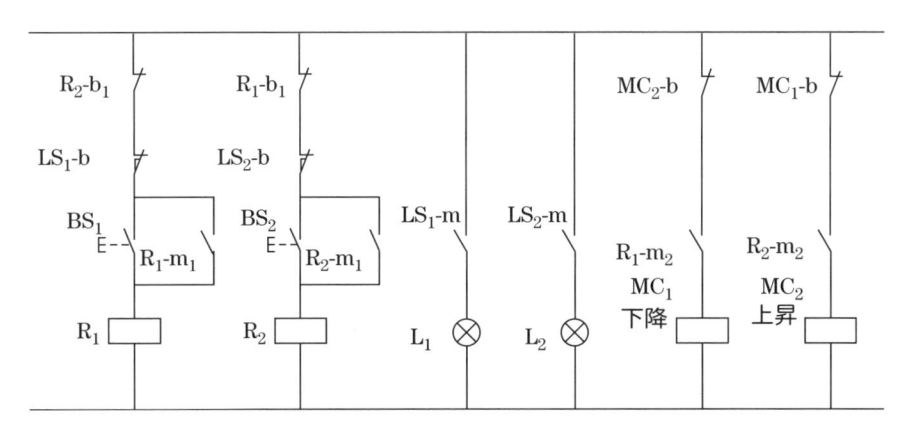

図 4-41　2 階建てエレベータのシーケンス図の例

4-8　エレベータ

(5) かご室の呼び出し制御(2)

(a) 停止階とかご室の制御

2階建てエレベータのかご室を呼び出す回路について説明してきましたが，実際のエレベータは3階建て以上の建物に設置される場合がほとんどです．そこで，3階建て以上の場合の制御回路についても考えてみることにします．

図4-43は，5階建てのエレベータの例です．かご室が3階に停止しているときに，4階で操作ボタンが押された場合は，かご室を上昇させなければなりません．しかし，2階の操作ボタンが押された場合は，下降させる必要があります．このように，3階建て以上のエレベータでは，操作ボタンとかご室の位置関係で，上昇させるか下降させるか，つまり必要な制御が異なります．

(b) かご室の移動方向を決定する仕組み

かご室の現在の停止位置に応じて移動方向を決定する方法の例として，**図4-44**に示した方法を考えてみます．停止位置検出用のリミットスイッチとは別に，各階ごとにかご室があることを検出するリミットスイッチ LS-5F から LS-1F を設け，操作ボタン BS-5F から BS-1F と，リレー R_{5F} から R_{1F} を接続します．かご室の位置と操作ボタンが押されたときのリレーの状態を駆動状態を"1"，駆動されていない状態を"0"に対応させて表したのが**表4-11**です．

1階にあるかご室を，1階から呼び出す場合があったとしても，移動方向は下降で問題はないと考えられます．

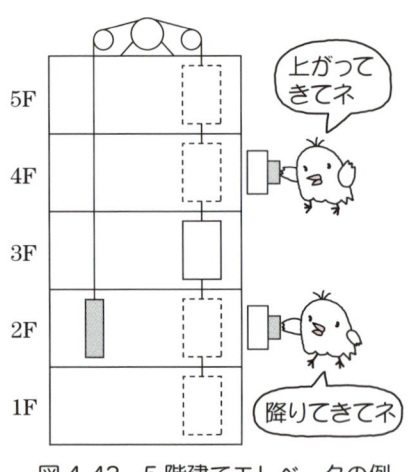

図4-43　5階建てエレベータの例

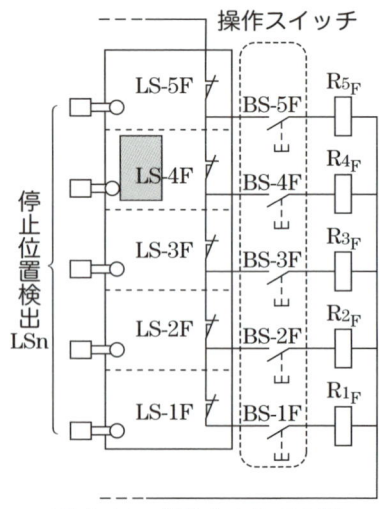

図4-44　移動方向決定の例

表 4-11 操作ボタン BS とリレーの駆動

かご BS	5F	4F	3F	2F	1F
5	0	1	1	1	1
4	0	0	1	1	1
3	0	0	0	1	1
2	0	0	0	0	1

「ここは下降です！」

なぜならば，停止位置検出用のリミットスイッチによって，かご室は停止したままになるからです．また，5階にあるかご室を5階から呼び出す場合も下降動作となりますが，やはり停止したままにすることができます．図4-44の仕組みを用いることによって，かご室の移動方向を決定する回路が実現できます．

(c) **制御回路の実現**

これまで説明した，移動方向決定の仕組みを用いたシーケンス図を**図4-45**に示しました．この回路を建物の階数分設けることによって，かご室呼び出し回路を実現できます．ここでも，インタロックをかけることを忘れないようにしてください．

この回路の働きは次のようになります．

1. 操作ボタンスイッチ BS-nF が押される．
2. リレー R_{nF} の接点によって，下降回路 R_2 または，上昇回路 R_3 が駆動される．
3. 上昇回路，または下降回路の電磁接触器により，電動機が作動する．
4. 目的階に達すると，リミットスイッチ LS_n によって自己保持が解除され，電動機も停止する．

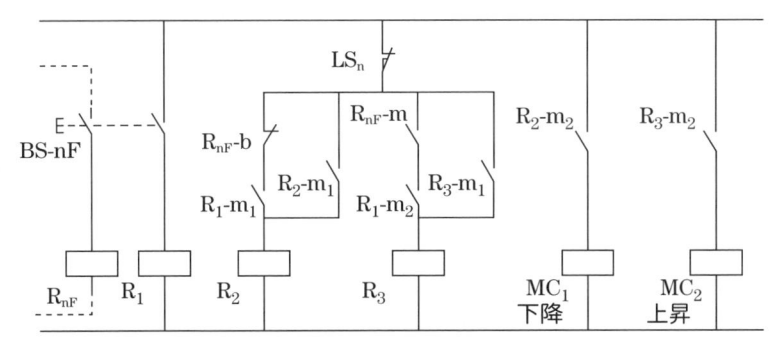

図 4-45　3階建て以上のエレベータのかご室の移動方向を決定するシーケンス図の例（各階）

4-8 エレベータ

4-9 自動ドア

(1) 自動ドアの仕組み

図4-46は自動ドアの例です．公共施設や，大きな店舗のドアといえば自動ドアが当たり前になっています．電車やバスのドアから飲食店のドアをはじめ，エレベータのドアなどほとんどが自動化されています．最近では，個人住宅でも自動ドアを設置する場合があるようです．そこで，リレーシーケンスを用いて自動ドアを実現することを考えてみます．

電車のドアは，電動式と空気圧式がありますが，一般的な自動ドアはモータを使った電動式がほとんどです．ここでは，開閉の動力はモータであることを前提にします．また，人がドアの前に来たことを検出するスイッチには，図4-47(a)のような赤外線スイッチを使用します．以前は，同図(b)のように人の重みでスイッチが反応するリミットスイッチ式が使われていましたが，故障が多いため現在ではほとんど採用されていません．なお，ここで考える自動ドアは，あくまで基本回路であり，実際の自動ドアには厳格な安全基準があることを知っておいてください．

図4-46　自動ドアの例

(a) 赤外線スイッチ式　　(b) リミットスイッチ式

図4-47　人を検出する仕組み

(2) 自動ドアの構造

制御を行う場合は，常に制御対象の動きや，予想外の操作が行われることを念頭におかなければなりません．**図4-48**は，一般的な自動ドアの構造例です．人の検出は，赤外線スイッチで行い，ドアの開閉は，単相電動機の正逆転で行います．

図4-49のように，赤外線スイッチの作動範囲は広くないため，ドアの中央部に死角ができてしまう恐れがあります．また，多くの赤外線スイッチに用いられている焦電形赤外線センサは，人が動くことで反応するため，ドアの中央部で立ち止まると，ドアに挟まれてしまう恐れがあります．そこで，光電スイッチなどで，中央部の死角をカバーします．大人と子どもでは，身長差がありますし，子どもがふざけてしゃがみこんだりすると，さらに低い位置で検出しなければなりません．し

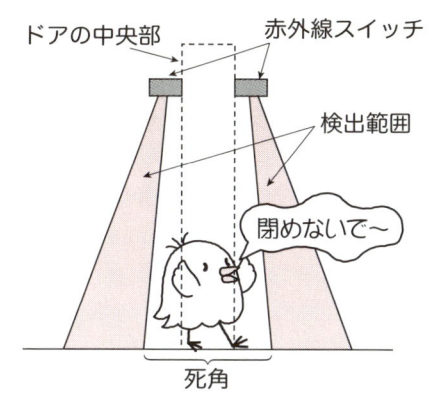

図4-49 赤外線スイッチの動作範囲

たがって，光電スイッチを複数設ける必要がありますが，ここでは制御の例

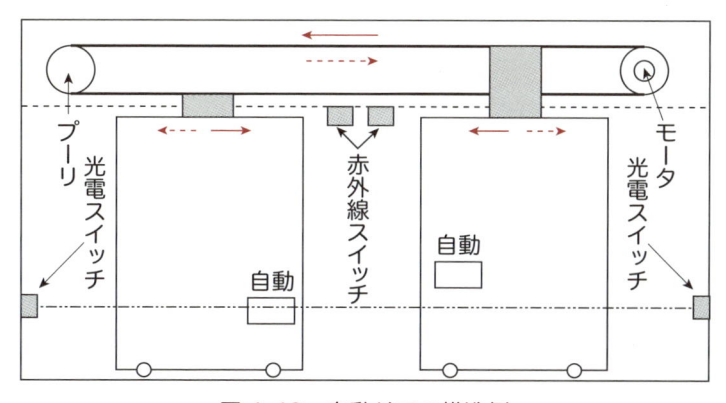

図4-48 自動ドアの構造例

4-9 自動ドア

ということで，光電スイッチを1個にします．

(3) 自動ドアの働き

表4-12に，制御を実現するための仕様例を示します．実際の自動ドアでは，このほかにもいくつかの安全対策が採られています．例えば，ドアに何かが挟まった場合，モータの駆動電流が正常値を超えますので，電流検出スイッチによってドアを開き緊急停止を行います．また，開閉動作の終わり付近でモータを減速させ，衝撃の発生を和らげる工夫なども考えられています．自動車の窓の開閉にも，事故を防ぐため，モータに流れる電流を検出する回路が設けられている場合があります．

表4-12　自動ドアの仕様例

ⓐ	赤外線スイッチは，ドアの内側と外側にそれぞれ1個設置する．
ⓑ	赤外線スイッチが人を検出すると，モータを正転させドアを開く．
ⓒ	ドアが，開位置にあるリミットスイッチに達すると，モータを停止させる．
ⓓ	3秒後，モータが逆転を始めドアを閉じるが，光電スイッチが人や物体を検出すれば直ちにⓑの動作に移行する．
ⓔ	ドアが，閉位置にあるリミットスイッチに達すると，モータを停止させる．

(4) 制御回路の実現

ⓐ タイムチャート

今回の制御は，光電スイッチの作動により動作を変更させるため，少し複雑になりますので，タイムチャートを描いて自動ドアの動作をまとめてから制御回路を実現してみます．図4-50は，自動ドアのタイムチャートの例です．タイムチャートをたどると，具体的な回路を予想することができる場合があります．

まず，赤外線スイッチで人を検出す

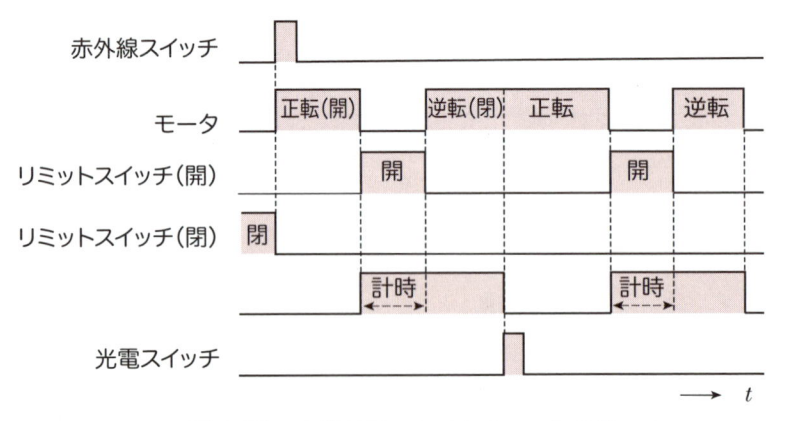

図4-50　自動ドアのタイムチャートの例

ると，ドアを開く動作に入ります．赤外線スイッチの信号は，その性質上自己保持が必要です．ドアが完全に開き終わったことをリミットスイッチ（開）が検出すると，自己保持を解除しモータを停止します．

次に，ドアを3秒間開いた状態に保つため，リミットスイッチ（開）につながれたタイマの計時をスタートさせます．3秒後にドアを閉じる動作を開始するためには，タイマの限時接点を自己保持し，モータの逆転を開始します．

ドアを閉じている途中に，赤外線スイッチや，光電スイッチが反応しなければ，ドアが閉じたことを検出するリミットスイッチ（閉）により自己保持を解除し，モータを停止させます．今回の回路を実現するうえでの大原則は，安全を最優先し，ドアを開き停止させることです．

(b) **具体的な制御回路**

まず，光電スイッチを除いた基本的な回路を実現してみます．ドアを開く回路を主回路，閉じる回路は副回路と考えます．**図 4-51** はドアを開く主回路の基本的なシーケンス図の例です．

リミットスイッチ LS で，ドアが開いたことを検出します．赤外線スイッチが人を検出すると，R_1-m が ON になり LS が ON になるまでモータが駆動されます．

次に，ドアを閉じる副回路を加えてみます．重要なことは，主回路の動作に影響を与えないようにすることです．そこで，**図 4-52** のように，リレー R_2 の接点を使いタイマがスタートするようにしてみました．自己保持とタイマ回路を組み合わせたものですが，リミットスイッチ LS_1 の動作で，計時が始まり，3秒経過すると，限時接点 TLR が ON になります．同時に R_4

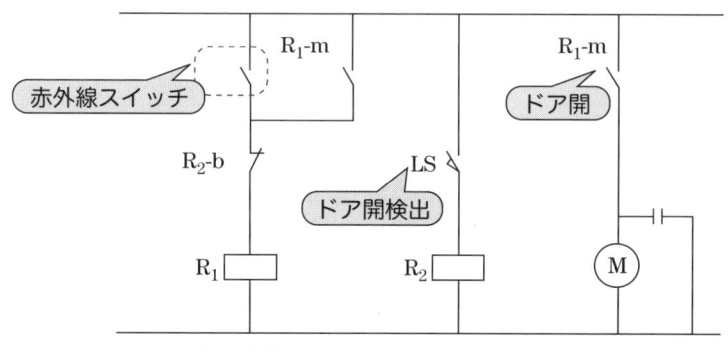

図 4-51　ドアを開く基本シーケンス図の例〈主回路〉

4-9　自動ドア

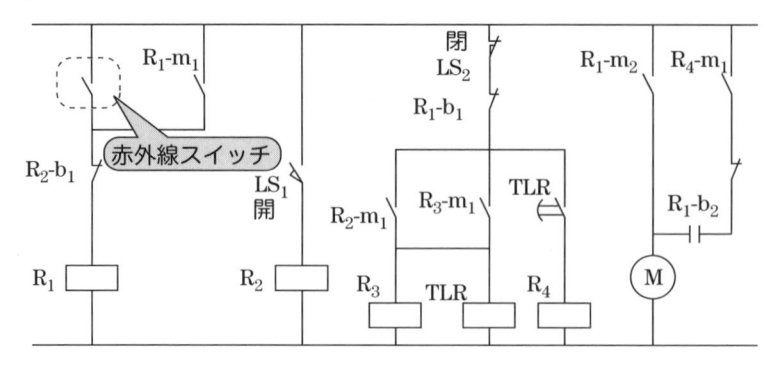

図 4-52 ドアを閉じる機能を追加したシーケンス図の例〈副回路〉

が駆動され，モータの逆転が開始されます．

ドアが閉じると，リミットスイッチ LS_2 により自己保持が解除され，モータが停止します．ドアが閉じている最中に人が検出されると，R_1-b_1 によって閉じる動作は解除されるとともに，ドアを開く動作に移行します．

光電スイッチを加えて完成したシーケンス図の例を**図 4-53** に示しました．光電スイッチが異常を検出しONになると，閉じる動作を解除するとともに，ドアを開く動作に移行します．

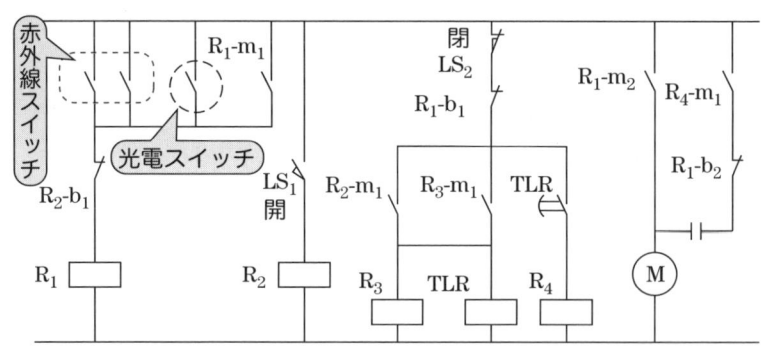

図 4-53 完成したシーケンス図の例

章 末 問 題

1 図 4-54 に示した機器を用いて，浴槽の水位でフロートスイッチが ON になるとブザーが鳴る満水警報機の制御を実現したい．シーケンス図を描きなさい．また，この制御において，フロートスイッチを自己保持しなければ，どのような不都合があるか答えなさい．

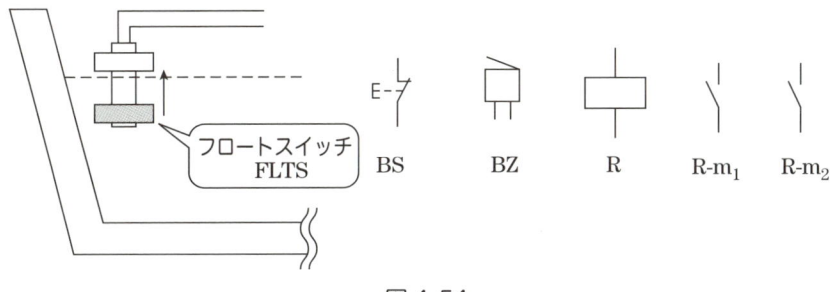

図 4-54

2 図 4-55 に示した，昇り用エスカレータの自動運転を実現したい．次の問に答えなさい．

① 次の仕様に基づいてシーケンス図を作成しなさい．

＜仕様＞

ⓐ 光電スイッチ 1 は光が遮られると ON になるメーク接点とし，光電スイッチ 2 はブレーク接点とする．

ⓑ 人が光電スイッチ 1 を通過すると，エスカレータの電動機が運転を開始する．

ⓒ 人が光電スイッチ 2 を通過すると，電動機が停止する．

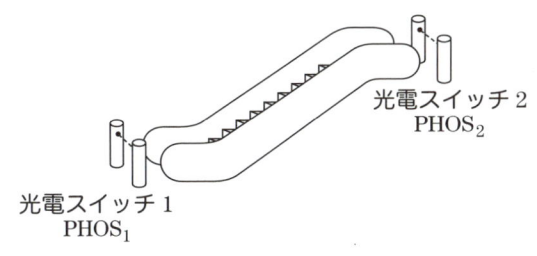

図 4-55

② ①の仕様では，どのような不都合が考えられるか答えなさい．

③ 光電スイッチ1を人が通過するごとにタイマの計時を開始し，設定時間以内に再度光電スイッチ1が反応しなければ，電動機が停止するようにシーケンス図を描き換えなさい（光電スイッチ2は使用しない）．

3 図4-56は，舞台の幕の上下運転装置の例である．LS_1，LS_2 はブレーク接点とし，メーク接点の開幕ボタン BS-O，閉幕ボタン BS-C とブレーク接点の停止ボタン BS-STP が用意されている．これらを用いたシーケンス図を描きなさい．

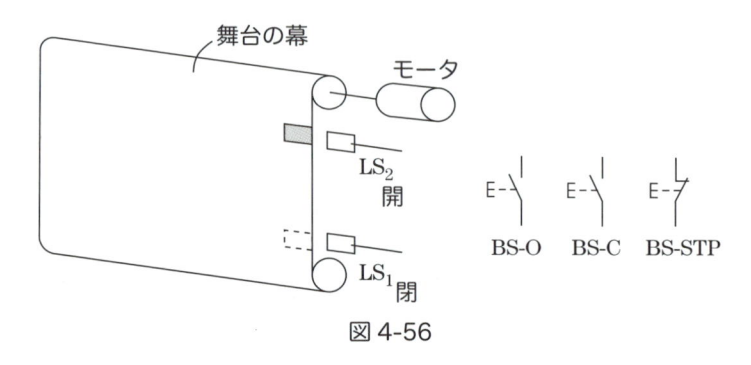

図 4-56

4 図4-57のように，各自が3つの作業台で組み立て作業を行っている．それぞれに，作業終了を確認する BS_1 から BS_3 の押しボタンメーク接点スイッチが用意されている．全員が，押しボタンスイッチを押すと，3台の作業台のベルトコンベアが，5秒間作動するシーケンス図を描きなさい．

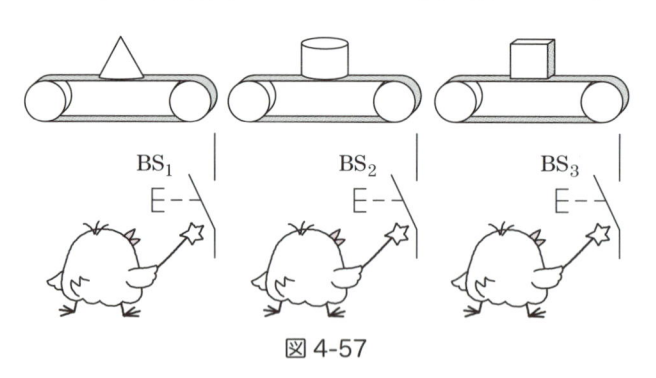

図 4-57

第5章 発展したシーケンス制御

　この章では，シーケンス制御のより発展した形を解説します．これまで学習してきたのは，リレーやタイマなど個別の機器を使った制御でした．そして，実際にシーケンス制御の回路を組み立ててみると，リレーなどの数の多さに驚くことと思います．そこで，コンピュータを内蔵したプログラマブルコントローラ（PLC）が使われることが多くなっています．ここでは，読者の皆さんが，さらに発展したシーケンス制御の学習をしていくうえで，参考になる事柄について具体的に解説します．

5-1 プログラマブルコントローラとは

(1) プログラマブルコントローラの誕生

シーケンス制御では，リレーやタイマ，スイッチが重要な役割を果たしています．しかし，これらは機械的な接点を持つため，次のような問題点を持っています．

- 接点が摩滅する
- 接触不良が発生する
- 配線作業に膨大な時間と人手を必要とする
- 制御手順を変更するときは，配線の変更作業が発生する

以上のように，機械的な接点だけでなく，動作部分も年数を重ねるほどに劣化し，一度故障を起こせば，修理に膨大な時間が必要になります．

シーケンス制御は，様々な生産ラインや交通機関，ガスや水道，電力供給などのインフラで使われており，トラブルが起これば経済的損失だけでなく，社会に与える影響は想像がつかないほど大きなものになります．そこで，アメリカのGM（General Motors）社は，1968年に次のような10項目を満たす制御装置の開発要求を出しました．

① プログラミングおよびプログラムの変更が容易であり，シーケンスの変更は現場で可能であること．
② 保守が容易であること．完全なプラグイン式が望ましいこと．
③ 現場での信頼性がリレー制御盤より高いこと．
④ リレー制御盤より小型である

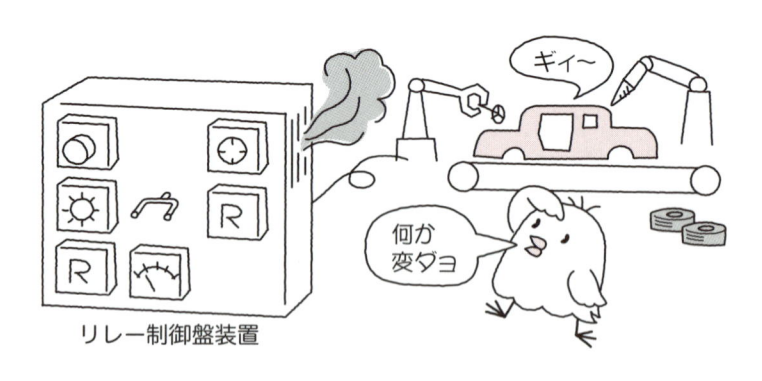

リレー制御盤装置

第5章 発展したシーケンス制御

こと．
⑤ コントローラユニットは，中央データ収集システムにデータを送出できること．
⑥ リレー制御盤と経済的に競合できること．
⑦ 入力電圧として AC115 V が可能なこと．
⑧ 出力は，AC115 V・2 A 以上で，ソレノイドバルブ，モータスタータなどを駆動できること．

⑨ システム変更を最小限にして，基本システムを拡張できること．
⑩ 最低 4 kWord まで拡張できるプログラマブルなメモリを有すること．

（三菱電機 Web ページ参照）

1969 年には，アメリカの 7 つのメーカからこの要求を満たす機器が発表されました．日本では，1970 年に国産機が誕生し，1976 年に汎用機が出現しました．この時代は，ちょうどマイクロプロセッサ（CPU）の開発競争が始まった時期と重なります．半導体技術の進歩に合わせて改良が重ねられ，現在のプログラマブルコントローラまたは，PLC と呼ばれる製品になりました．

PLC という呼び名は一般に浸透していますが，日本電機工業会（JEMA）

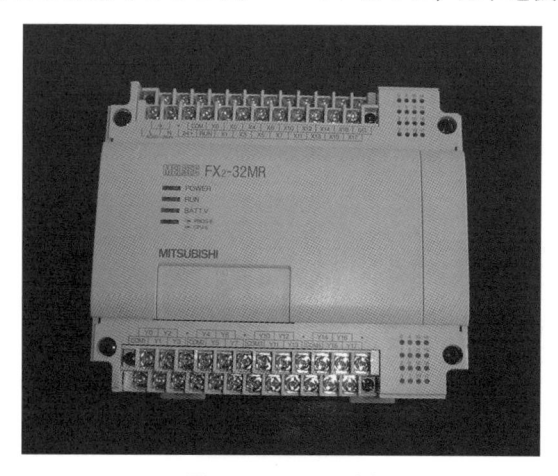

図 5-1　PLC の例

では，プログラマブルコントローラ（PLC：Programmable Logic Controller）と呼んでいます．場合によってPC（Programmable Controller）と呼ばれることもあります．

パーソナルコンピュータもPCと略して書かれることがあり，制御にも使用されていますので混同しないように注意してください．本書ではこれから先，PLCと呼ぶことにします．図5-1は現在のPLCの例です．

(2) PLCの仕組み

図5-2は，一般的なPLCのブロック図です．PLCの各部の働きについて説明します．

(a) **入力インタフェース**

インタフェースは，信号の電圧，電流やタイミングなどを，PLCの内部と外部でやり取りできるようにするための働きをします．入力インタフェースは，外部のスイッチやセンサの信号を，PLC内部で利用できるように変換します．

(b) **演算装置**

入力インタフェースから取り込まれた信号や，内部の情報などを演算処理する装置です．演算には，数値計算だけでなくANDやORなどの論理演算や条件判断など，幅広い処理があります．処理された結果は，必要に応じて記憶装置に送られます．

(c) **記憶装置**

PLCの処理は，各メーカ独自のシーケンス言語でプログラムされます．記憶装置には，これらのプログラムや必要なデータが記憶されています．

(d) **出力インタフェース**

PLC内部で処理された信号を，外部のリレーやランプなどを駆動できる信号に変換します．

(e) **制御装置**

プログラムに従って，入出力インタフェースや，演算装置，記憶装置などに指示を出し，一定の手順で処理が進むように制御する装置です．

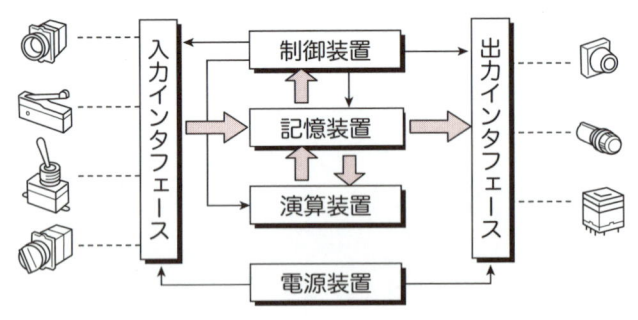

図5-2 PLCのブロック図の例

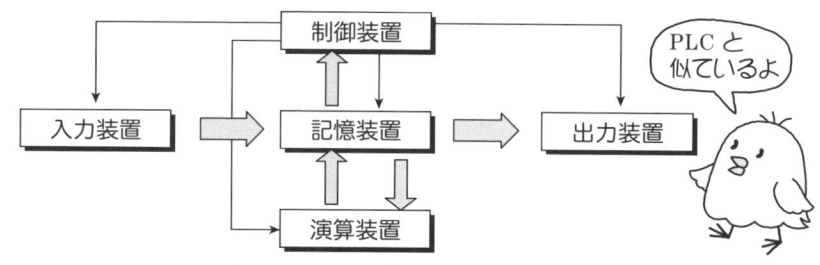

図 5-3 コンピュータのブロック図

(f) 電源

PLC が働くために，必要な電力を供給するための装置です．小型・軽量化するため，効率の良いスイッチングレギュレータが用いられます．

* * *

図 5-3 はコンピュータのブロック図です．図 5-2 の PLC のブロック図と大変よく似ていると思いませんか．実は内部の仕組みは全く同じなのです．PLC の入力につなぐスイッチやセンサ類をキーボードに替え，出力のリレーなどをディスプレイに替えると，私たちが普段使っているコンピュータとそっくり同じになってしまいます．つまり PLC は工業用のコンピュータなのです．最近の PLC では，タッチパネルやプラズマディスプレイを備えた機種もあります．**図 5-4** に実際のユニット構成の PLC の例を示します．ユニット構成は，PLC が CPU ユニット，入力ユニット，出力

図 5-4　ユニット構成の PLC

5-1　プログラマブルコントローラとは

ユニットなどの各要素ごとに独立しており、自由に組み合わせることが可能で拡張性に優れています。

一般的に、PLCはハードディスクを搭載していません。PLCのプログラムは、内部の不揮発性メモリに記憶されます。したがって、拡張性ではパーソナルコンピュータほどすぐれていませんが、工場内の埃(ほこり)や振動、油などの悪影響下においても安定した動作が行えるように設計されています。

(3) PLCの使い方

図5-5は、3個の押しボタンスイッチによるAND回路のシーケンス図です。すべての部品は電線による接続が必要です。このような制御をリレーシーケンスと呼びます。

それに対し、図5-6はPLCを用いた場合の接続例を示しています。この2つを見比べると、実際にランプやスイッチをつなぐところは同じですが、PLCの場合、リレーはPLCの内部にあることになります。これらを、内部リレーといいます。内部リレーは、実際の機械的な存在ではなく、PLC自身のプログラムによる仮想のリレーです。したがって、実際に電気配線を行う必要もなければ、機械的な磨耗や劣

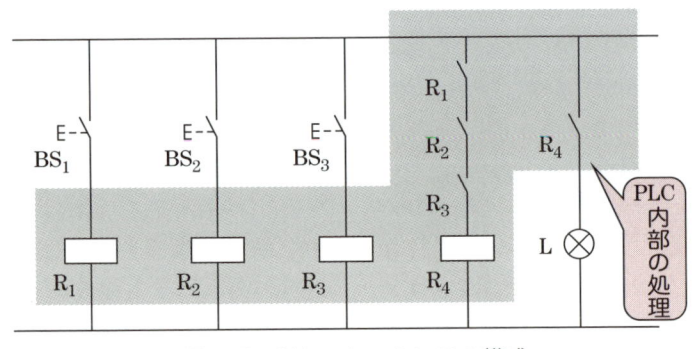

図5-5 リレーシーケンスの構成

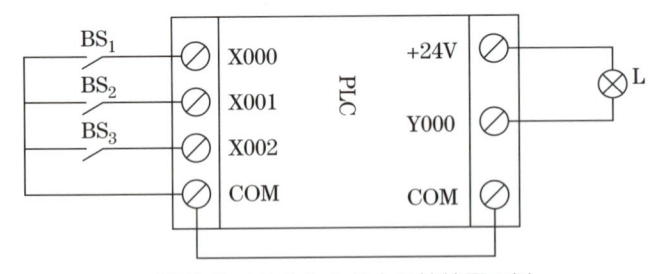

図5-6 PLCと入出力の接続図の例

第5章 発展したシーケンス制御

表5-1 リレーシーケンスとの比較

項目	リレーシーケンス制御	PLCによる制御
信頼性	年月とともに，接触不良や機械的寿命がある．	完全な電子化も可能で，高い信頼性が得られる．
経済性	機器の価格は，使用するリレーの数量に応じ上昇する．	機器の価格は使用するリレーの数にあまり関係なく，ほぼ同じ．
保守性	定期的な部品交換が必要で，障害復旧に時間がかかる．	故障が少なく，もし故障した場合でもユニットごとの交換で済む．
機能性	リレー制御しかできない．	必要なユニットを組み合わせれば，通信機能や高度な位置決め機能を持たせることができる．
標準化	仕様が異なれば配線が異なり，困難を伴う．	プログラムの管理・再利用が可能で，社内での標準化が容易である．
小型化	使用するリレーやタイマの数が多いほど，装置も大きくなる．	制御の難易度にかかわらず，大きさはほとんど同じ．

化による故障もなく，プログラム上で自由に書いたり，消したりすることができます．

PLCを用いると，人が実際に操作するスイッチやセンサ類と，内部リレーの接点の定格電流値を超える電流を必要とするモータを駆動するために，外部にリレーを接続する場合もありますが，それ以外のリレーやタイマなどの働きをPLCがソフトウェアで行ってくれるわけです．

表5-1にリレーシーケンス制御と，PLCによる制御の比較を示しました．どれをとっても，PLCによる制御が有利に見えます．しかし，現在でもリレーシーケンスは使われています．

リレーシーケンスを使うか，PLCを使うのかの判断はいくつかの要素がありますが，経済性から見ますと制御盤の場合，使用するリレーの数が10数個以上になるとPLCの方が安いといわれています．

非常にすぐれた機能を持つPLCですが，内部はコンピュータと同じ高度な電子回路で構成されています．したがって，次のような場所での使用には注意が必要です．

・電気的な雑音が強いところ．
・放射能の存在するところ．
・温度，湿度が極端に高いところや低いところ．
・振動が大きなところ．

5-2 PLCのプログラミング

(1) PLCを働かすには

　PLCは，工業用のコンピュータですので，その働きを指示するためのプログラムが必要になります．コンピュータのプログラムを書くための言語には，BASIC言語やC言語などがあります．これらは，一般的なプログラミング言語であり，マスターするにはかなりの時間が必要になります．シーケンス制御に携わっている人々は，シーケンス図に精通していますが，プログラミングの習得に多くの時間を割くのでは大変です．そこで，PLCのプログラミングは，新たな言語の習得を必要とせず，シーケンス図を描くのと同じ要領で作成できるよう工夫されています．

(2) PLCのプログラムとは

　図5-7(a)は，シーケンス図で表した自己保持回路です．同じ自己保持回路をシーケンスプログラムで表すと，同図(b)のようになります．シーケンス図と非常に似ていますが，れっきとしたプログラムなのです．シーケンスプログラムは，コンピュータの一般的なプログラムと異なり，回路図のように表すことができます．

　図5-7(b)のシーケンスプログラムを

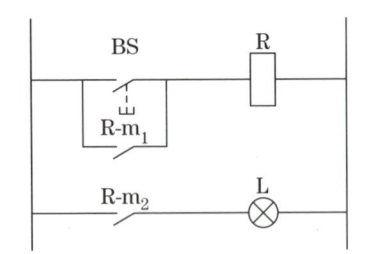

(a) シーケンス図による自己保持回路

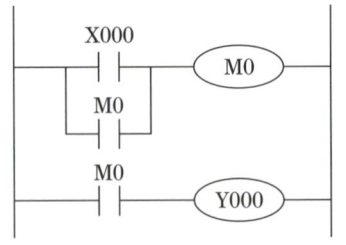

(b) シーケンスプログラムによる自己保持回路

図5-7　シーケンス図とシーケンスプログラム

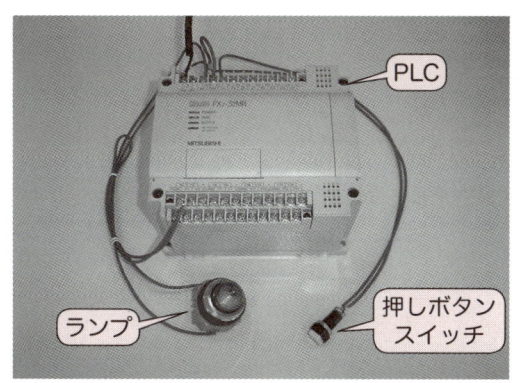

図 5-8 PLC による自己保持

用い，実際に PLC を使って自己保持回路を実現したようすを**図 5-8** に示します．ランプを直接 PLC で点灯させていますが，PLC の定格を超える場合は，外部に電磁リレーを用いて別電源で点灯させます．

このように，人間が直接操作するスイッチや，表示ランプ以外は PLC 内部のプログラムに置き換わります．PLC を利用すると，入出力機器の電気配線は必要ですが，それ以外の複雑な電気配線は，ほとんどプログラムに置き換わるのです．シーケンスプログラムは，一般に横書き形式で表現されます．また，接点は通常時の状態で書きます．

(3) PLC のプログラミング

シーケンスプログラムを作成し，プログラムを書き込むことをプログラミングといいます．プログラムを書くためには，命令を知る必要があります．そこで**表 5-2** に，シーケンスプログラムで用いられるおもな命令をまとめてみました．各命令は，命令語と回路形式の2とおりの表現方法があります．

5-2　PLC のプログラミング

表 5-2　シーケンスプログラムで用いられるおもな命令

命令語	読み方	機能	回路形式
LD	ロード	母線接続命令（a接点）	
LDI	ロードインバース	母線接続命令（b接点）	
AND	アンド	直列接続命令（a接点）	
ANI	アンドインバース	直列接続命令（b接点）	
OR	オア	並列接続命令（a接点）	
ORI	オアインバース	並列接続命令（b接点）	
ANB	アンドブロック	ブロック間直列接続命令	
ORB	オアブロック	ブロック間並列接続命令	
OUT	アウト	リレー駆動命令	
SET	セット	リレー駆動保持命令	
RST	リセット	リレー駆動解除命令	
NOP	ノップ	無処理命令	プログラムの消去や予約スペース
END	エンド	プログラム終了命令	プログラムの終了

(4) プログラミングに必要な機器

ⓐ 命令語で入力する場合

シーケンスプログラムを命令語で入力するには，図5-9のような，ハンディー端末をPLCに接続して行うのが一般的です．命令語で，プログラムを入力するには時間がかかりますが，小型の装置でプログラミングができるので，現場でプログラムを修正するような場合に向いています．

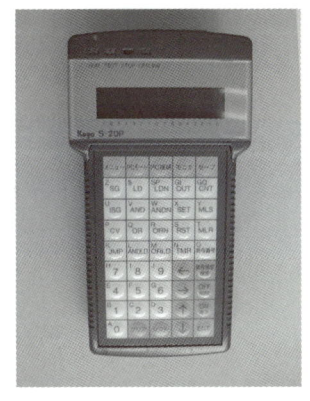

図5-9 ハンディー端末の例

ⓑ 回路形式で入力する場合

回路形式でプログラミングするためには，グラフィック機能があるプログラミング装置が必要です．専用のプログラミング装置もありますが，コンピュータの高性能化と一般化によって，パーソナルコンピュータによるシーケンスプログラミングが普及してきました．図5-10は，PLCにパーソナルコンピュータをつないでプログラミングを行っているようすです．現在，様々なソフトウェアが用意され，目的に合わせた開発環境を整えることができます．

図5-10 パソコンによるプログラミング

(5) プログラミングの例

実際のプログラミングを基本的なOR回路の例で紹介します．**図 5-11**は，基本的なOR回路のシーケンス図です．2つの押しボタンスイッチBS_1とBS_2があり，いずれかのスイッチがONになると，ランプLが点灯する仕組みです．**図 5-12**に実際の接続例を示します．

ⓐ 入出力リレーと補助リレー

PLCにおいて，人間が直接操作するスイッチは，入力リレーに接続されます．また，ランプやアクチュエータを駆動するためのリレーは，出力リレーと呼ばれます．さらに，PLCでは，外部に接続されず内部で利用できるリレーが用意されています．それらのリレーのことを，補助リレーと呼びます．

ⓑ 命令語によるプログラミング

表5-2の命令語を用いてプログラムを書いてみましょう．シーケンスプログラムでは，シーケンス図の1つの機器や接続が，1つの命令に対応しています．また，1つの回路ごとにプログラミングしますが，その順序は左から右，上から下の順で行います．

図5-11のシーケンス図は，3つの回路から成り立っています．回路とは，左右の母線によって作られる1つの電気回路のことです．

プログラムの前に，スイッチとランプを接続する入出力リレーを決定しま

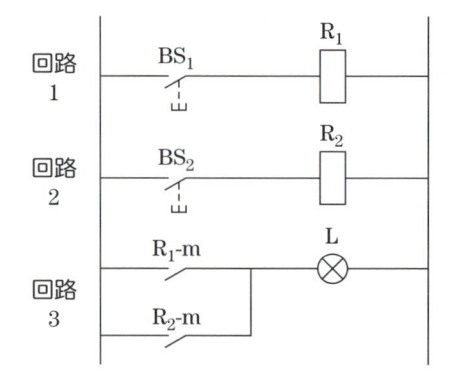

図 5-11 基本的なOR回路の例

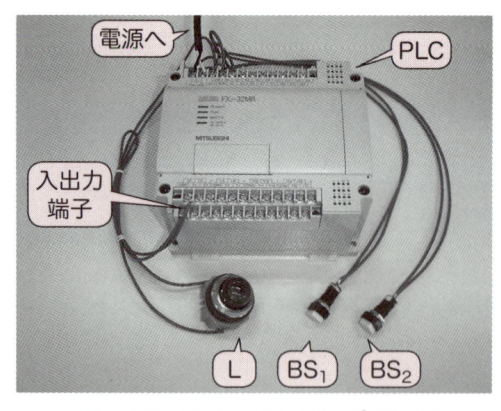

図 5-12 スイッチとランプの接続

す．そこで**図5-13**のように，押しボタンスイッチBS_1は入出力端子を使用してPLCの入力リレーX000に接続し，BS_2は入力リレーX001に接続します．同様にランプLは，外部出力接点Y000に接続します．

さらに，補助リレーとしてM0とM1を使用します．シーケンスプログラムでは，メーク接点とブレーク接点は**図5-14**のように表現します．図5-13のような図は，ステップラダー図とも呼ばれます．

図5-15は，表5-2に従い回路1を命令語に書き直した回路です．同様に回路2を命令語に書き直すと**図5-16**になります．また，回路3は**図5-17**

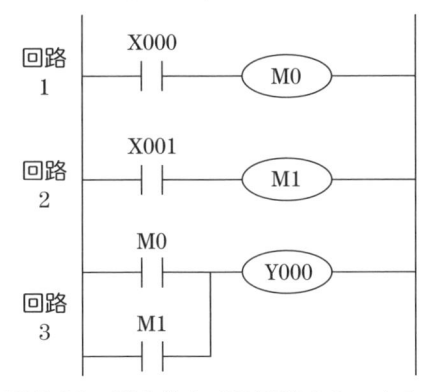

図5-13 基本的なOR回路のシーケンスプログラムの例

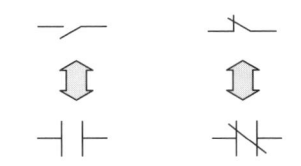

図5-14 メーク接点とブレーク接点

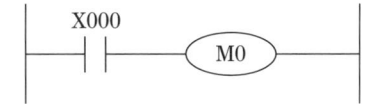

```
LD    X000
OUT   M0
```
図5-15 命令語で表した回路1

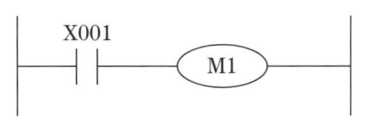

```
LD    X001
OUT   M1
```
図5-16 命令語で表した回路2

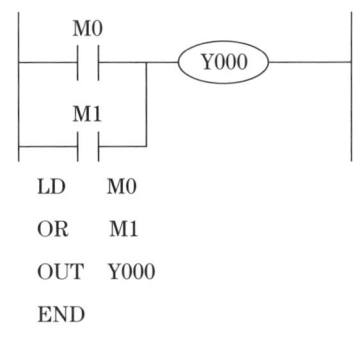

```
LD    M0
OR    M1
OUT   Y000
END
```
図5-17 命令語で表した回路3

で表されます．

図5-17では，最後にENDを書くのを忘れないようにします．このプログラムは，ENDを含め全部で8行になりますので，8ステップのプログラムといいます．

(c) **回路形式によるプログラミング**

回路形式で入力する場合も，命令語の知識は必要です．しかし，回路形式は，できあがっていく回路図を確認し

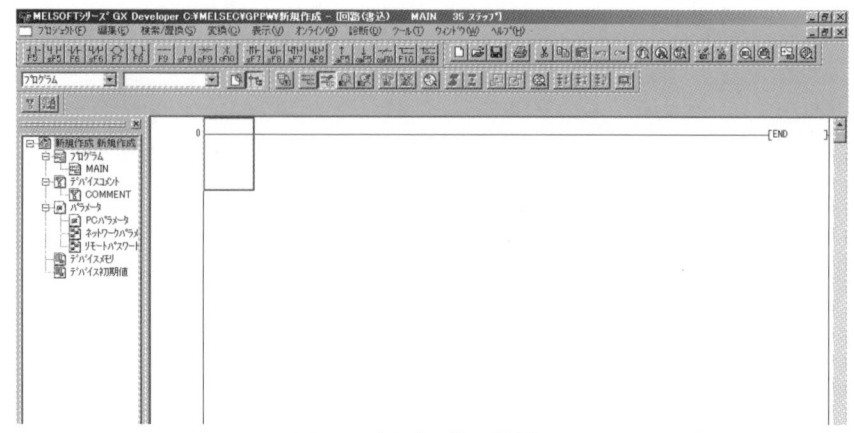

図 5-18　入力画面の例（三菱電機㈱ GX Developer）

ながら作業が行えるため，間違いが少ない方法です．

回路形式でプログラムするには，特別なソフトウェアを利用する必要があります．ここでは三菱電機株式会社製の GX Developer を用いた例を示します．このソフトウェアは，パーソナルコンピュータ用として，PLC の設計や保守業務に広く利用されています．

図 5-18 は，シーケンスプログラム入力画面です．ここに，接点やリレーを書き入れていきます．

まず，図 5-13 に従って，回路 1 を入力します．LD や OR などの命令語で入力することもできますし，図 5-19 のように接点を配置してから，接点の名称を入力することも可能です．

回路形式での入力が終了したら，

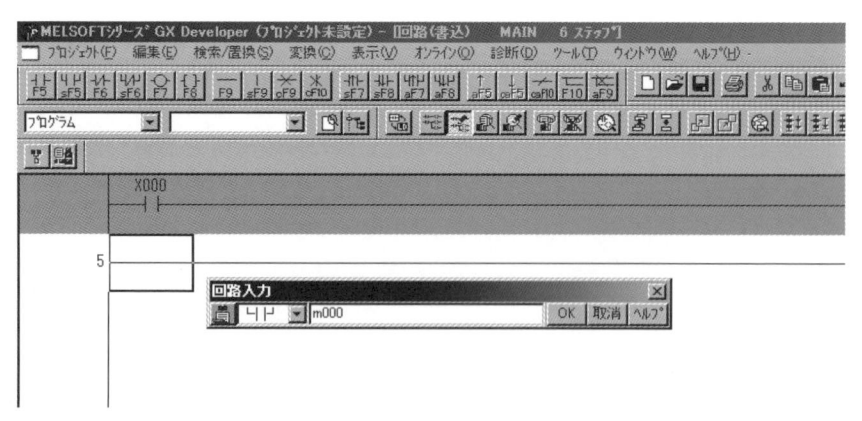

図 5-19　プログラム入力のようす

180　　　　　　　　　　　　　　　　第 5 章　発展したシーケンス制御

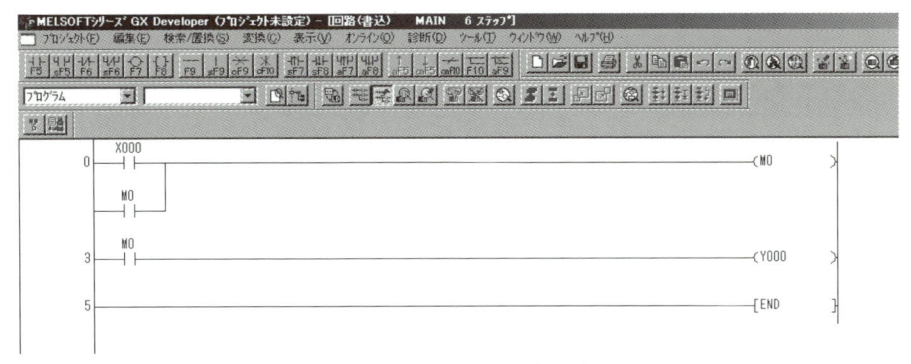

(a) 完成した回路形式プログラム

(b) 命令語に変換されたプログラム

図 5-20

```
0  LD   X000
1  OR   M0
2  OUT  M0
3  LD   M0
4  OUT  Y000
5  END
6
```

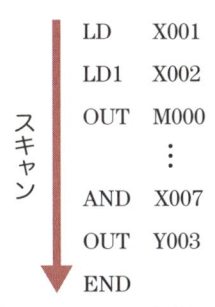

```
     LD   X001
     LD1  X002
ス   OUT  M000
キ         ⋮
ャ
ン   AND  X007
     OUT  Y003
     END
```

図 5-21　PLC 内部の処理

PLC に転送できる形式に変換し，PLC に転送します．この専用ソフトの特徴は，回路形式で入力したプログラムを，命令語の形でも表示や編集できる点です．**図 5-20** に，完成したプログラムを，回路形式と命令語形式で示しました．

　専用ソフトウェアを利用すると，複雑なプログラムの作成や修正が短時間で行えます．さらに，各接点のモニタも可能であり，プログラムの実行をリアルタイムでたどることもできます．

(6) PLC が命令を実行する仕組み

　リレーシーケンス制御では，押しボタンスイッチや，リミットスイッチなどの接点の変化がきっかけとなって，順次制御が進んでいきます．PLC でも同様に考えられますが，内部の処理は，プログラムを先頭から順次スキャンしながら実行していきます．そのようすを**図 5-21** に示します．スキャンする速度は，低速から高速まで目的に合わせた設定が可能な機種や，複数のプログラムを同時に実行することが可能な機種もあり，用途に応じて選べます．

5-2　PLC のプログラミング

5-3 SFC プログラム

(1) SFC とは

SFC とは，IEC（International Electrotechnical Commission：国際電気標準会議）規格に定められたシーケンシャル・ファンクションチャート（Sequential Function Chart）のことで，状態図とも呼ばれます．

顧客が希望するシーケンス制御の働きを，回路を設計する技術者に伝えるには，様々な図や文章による説明が必要です．しかし，制御の内容を正確に相手に伝えることは非常に困難です．また，シーケンス図はリレーシーケンスを行う際，最も一般的に使用されていますが，設計や調整に熟練した技術者でなければ使いこなせません．SFC は制御の流れを，時間の経過に沿って表す方法で，シーケンス図に比べ，プログラムが容易に行え，誰が見ても分かりやすいという特長を持っています．

(2) 制御の流れと SFC

SFC では，シーケンス制御の各段階を 1 つの単位として考えていきます．この単位をステートといい，各ステートに入力や出力接点をプログラムします．

一例として，**図 5-22** は 2 個のスイッチ X000 と X001 および，2 個の出力リレー Y000 と Y001 を持つ回路です．この回路に次のような制御を行わせることを考えます．

1　制御が開始されると，Y000，Y001 が作動する（図 5-22 (a)）．
2　スイッチ X000 が働くと，Y001 だけが作動する（図 5-22 (b)）．
3　スイッチ X001 が働くと，次の制御に移る．

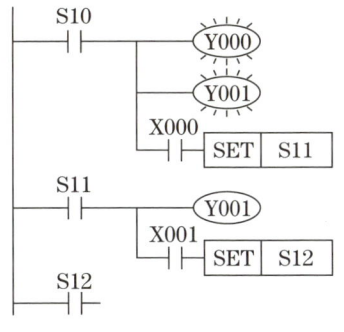

(a) 制御開始時

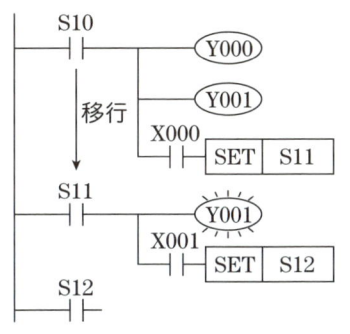

(b) X000 が押されたとき

図 5-22　ステップラダー図による制御

　この制御は，スイッチを押すことによって，出力リレーの状態が移り変わります．つまり回路の状態が遷移（移行）します．そのようすを図 5-22 に示します．同じ動作をシーケンス図で表すと，多くの補助リレーを使わなければなりません．しかし，図 5-22 では出力リレー 2 個で表せます．S10 と S11 は，各ステートの開始信号となります．

　重要なことは，この図は電気回路を表しているのではなく，機器類の状態

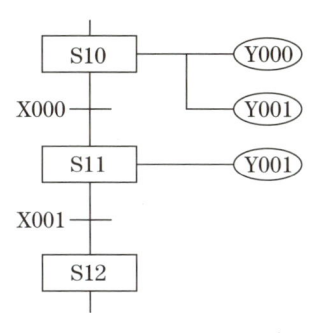

図 5-23　SFC 図による表現

の変化を表している点です．つまり，プログラムを行う際は，電気的な接続を意識することなく，状態の変化を書けばよいことになります．そのため，シーケンス図が苦手な人でも容易に制御のようすを理解することができます．SFC のプログラムでは SFC 図と呼ばれる表現方法が用いられます．**図 5-23** は図 5-22 のステップラダー図を SFC 図で表した例です．

(3) SFC で用いられる図記号

　SFC 図は，ステップラダー図と異なる図記号が並んでいます．各ステップは，**図 5-24** のように表します．SFC 図で用いられるおもな図記号を，**表 5-3** にあげておきます．

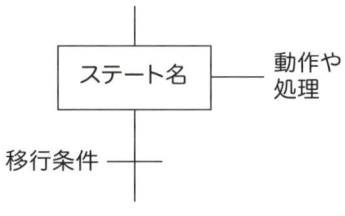

図 5-24　SFC 図の各ステップ

■ 5-3　SFC プログラム ■

表 5-3　おもな SFC 図記号

名称	図記号	備考
イニシャルステート	Sn（二重枠）	最初のステートを表します.
一般ステート	Sn	一般的なステートを表します.
ジャンプ（リセット）	↓（白抜き矢印）	リセットを表します.
ジャンプ（ループ）	↓（黒塗り矢印）	ループを表します.
縦棒	｜	ステート間の接続を表します.
トランジション（移行条件）	┼	移行条件の書き込みを表します.
横棒	＝	分岐や合流を表します.

(4) 基本的な処理の流れ（SFC フロー）

(a) シングルフロー

図 5-25 はシングルフローと呼ばれ，分岐や繰り返しのない最も基本的な処理の流れです．

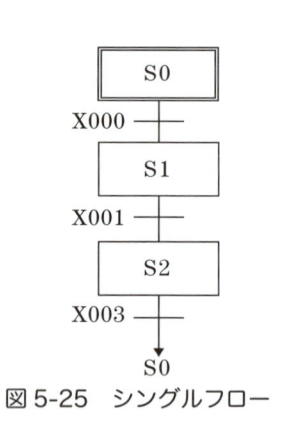

「シングルフローは1本！」

図 5-25　シングルフロー

(b) 繰り返しフロー

図 5-26 は繰り返しフローと呼ばれ，同一の処理を繰り返し実行させた

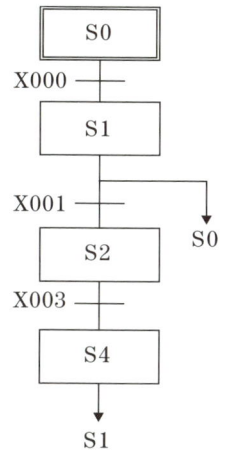

```
    ┌────┐                      ┌────┐
    │ S0 │                      │ S0 │
    └─┬──┘                      └─┬──┘
 X000─┤                           ├──────────────
    ┌─┴──┐                    ┌───┴┐      ┌────┐
    │ S1 │                    │ S1 │      │ S5 │
    └─┬──┘                    └─┬──┘      └─┬──┘
 X001─┤────────┐                │           │
    ┌─┴──┐   ↓                ┌─┴──┐      ┌─┴──┐
    │ S2 │   S0               │ S2 │      │ S6 │
    └─┬──┘                    └─┬──┘      └─┬──┘
 X003─┤                         │           │
    ┌─┴──┐                    ┌─┴──┐      ┌─┴──┐
    │ S4 │                    │ S3 │      │ S7 │
    └─┬──┘                    └─┬──┘      └─┬──┘
      ↓                         ├───────────
      S1                      ┌─┴──┐
                              │ S4 │
                              └────┘
```

図 5-26　繰り返しフロー

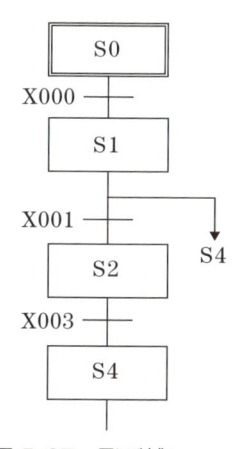

```
    ┌────┐
    │ S0 │
    └─┬──┘
 X000─┤
    ┌─┴──┐
    │ S1 │
    └─┬──┘
 X001─┤────────┐
    ┌─┴──┐   ↓
    │ S2 │   S4
    └─┬──┘
 X003─┤
    ┌─┴──┐
    │ S4 │
    └────┘
```

図 5-27　飛び越しフロー

り，途中から上方へ制御を移行させたりします．

(c) **飛び越しフロー**

図 5-27 は飛び越しフローと呼ばれ，途中の処理を飛び越す場合に用いられます．

(d) **分岐と合流**

図 5-28 は，分岐と合流を表すフ

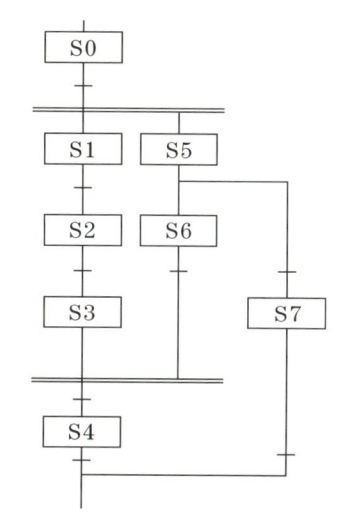

図 5-28　分岐と合流のフロー

ローです．

(5)　**SFC の活用例**(1)

(a)　**1 個のスイッチによる制御回路**

第 4 章の図 4-21 で取り上げた裁断機全体のシーケンス図では，2 個のリミットスイッチを用いて制御をしました．ここでは，**図 5-29** のように 1 個のリミットスイッチで制御してみます．

リミットスイッチのメーク接点を使

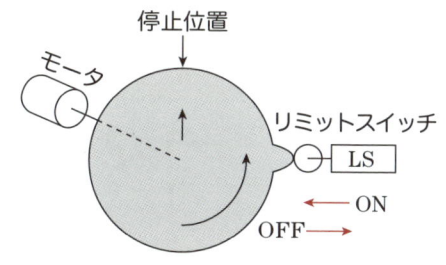

図 5-29　モータの回転制御

5-3　SFC プログラム

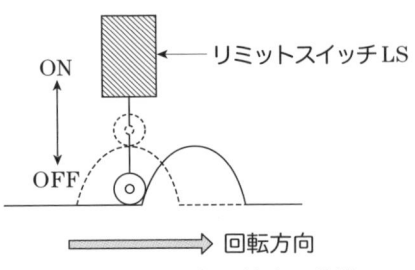

図 5-30　回転と接点の状態

うと，モータに取り付けられた円盤の回転と，リミットスイッチ LS の接点の状態は，**図 5-30** のようになります．モータは，慣性力によりリミットスイッチの場所から若干行過ぎて停止します．このため，モータの停止条件をリミットスイッチの ON にしてしまうと運転開始命令が来た段階で，すでに停止条件が成立してしまっているので運転が行われません．

(b) パルス変換

PLC は，リレーシーケンスとは異なり，パルス変換の命令が用意されています．パルス変換とは，接点の ON-OFF といった状態ではなく，接点の状態の変化を検出する機能です．

接点の立ち上がりと，立ち下りに関する命令の中には，PLS と PLF といっ

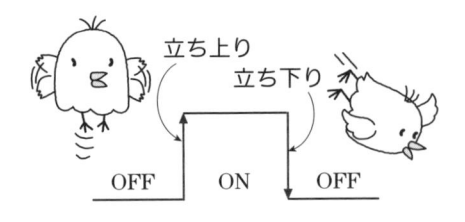

た命令があります．さらに，OUT 命令と似ていますが，接点を強制的に操作する SET 命令と合わせて制御を行うことができます．例えば，次のような制御を考えてみます．

① 押しボタンスイッチ X0 が ON になると同時に，出力リレー Y0 が駆動される．
② 押しボタンスイッチ X1 が ON になっても変化はないが，OFF になると同時に Y0 が復帰する．

出力リレー Y0 に，ランプやモータ

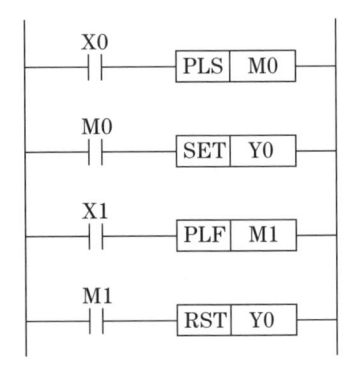

図 5-31　パルス変換の回路形式プログラム

LD	X0
PLS	M0
LD	M0
SET	Y0
LD	X1
PLF	M1
LD	M1
RST	Y0

図 5-32　命令語によるプログラム

■ 第 5 章　発展したシーケンス制御 ■

を接続すれば実際の動作が可能となります．

このパルス変換回路を従来のシーケンスプログラムで書くと，**図 5-31**のようになります．さらに，命令語形式で書いたプログラムを**図 5-32**に示しました．これらの表現では動作の時間的流れがつかみにくいので，タイムチャートを，**図 5-33**に示します．

(c) SFC 図で表す

パルス変換を理解したうえで，1 個のリミットスイッチによるモータ制御回路を考えてみましょう．すると，次のような状態遷移が考えられます．

1. 押しボタンスイッチによる接点 X0 が ON になると，駆動ステート S1 に移行する．
2. S1 に移行すると出力リレー Y0 が駆動され，モータが回転する．
3. 位置検出リミットスイッチ X1 の立ち上がりで，次のステート S2 に移行する．（モータは停止）

以上の働きを SFC 図にすると，**図 5-34**のようになります．

この図は，SFC 図として間違ったところはありません．しかし，モータが停止位置にあったとすると，X1 は ON していますので，パルス変換が行われてしまいます．その結果，すぐに S2 ステートへの移行が行われモータは回転しません．

そこで，最初のパルス変換では移行が行われないように修正したプログラムを**図 5-35**に示します．S1 ステートに移行した直後，M0 はパルス変換

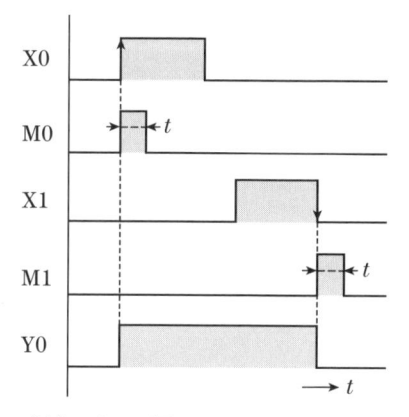

（注）パルス幅 t は PLC によって異なります．

図 5-33　パルス変換のタイムチャート例

＜パルス変換は強力な味方＞

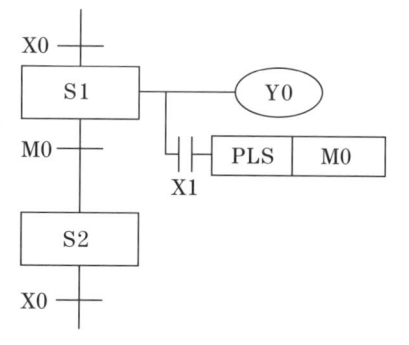

図 5-34　SFC 図で表したモータ制御回路の例

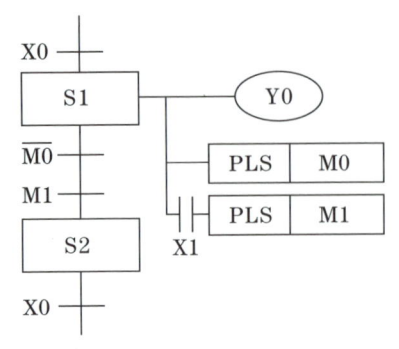

図 5-35 最初の移行条件を実行しない回路

されONになります．その直後，X1がパルス変換されM1がONになっても移行は行われません．このようにSFC図を用いると，各制御段階ごとに注目したプログラムを作成できるため，間違いにくいプログラミングが可能になります．

(6) SFC の活用例(2)

次に，タイマを組み合わせたモータの制御回路をSFC図で実現してみます．図 5-36 は，モータに取り付け

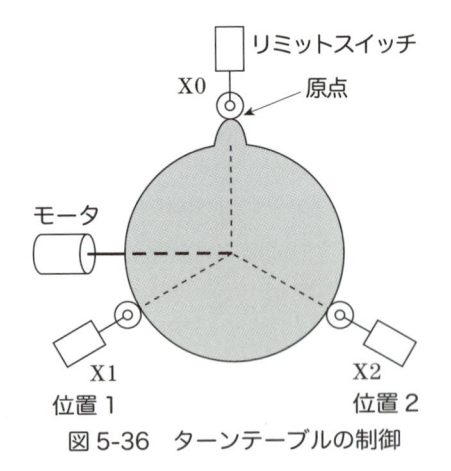

図 5-36 ターンテーブルの制御

られたターンテーブルを制御するために考えた仕組みです．

ターンテーブルには，位置検出用の突起と，3箇所にリミットスイッチがあります．この，ターンテーブルを次のように動かすプログラムを，SFC図で書いてみます．

＜ターンテーブルの動作＞

1 PLCの入力接点X10につながれた押しボタンスイッチでプログラムが開始する．

2 ターンテーブルは次の動作を行って初期状態に戻る．
原点→位置2（停止）→5秒間停止→位置1（停止）→10秒間停止→原点
また，モータの駆動は，
正転出力リレー…Y0
反転出力リレー…Y1
とする．

今回の例では，同一スイッチに複数の役割を持たせる必要はありませんので，パルス変換は行っていません．図 5-37 に，SFC図の例を示します．

(7) SFC 図と命令語

図 5-38 は，先ほどのターンテー

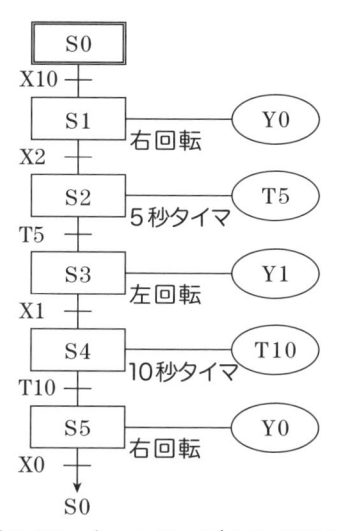

```
        ┌──┐
        │S0│
        └──┘
  X10 ──┼──
        ┌──┐
        │S1│────── 右回転 ──( Y0 )
        └──┘
  X2 ───┼──
        ┌──┐
        │S2│────── 5秒タイマ ──( T5 )
        └──┘
  T5 ───┼──
        ┌──┐
        │S3│────── 左回転 ──( Y1 )
        └──┘
  X1 ───┼──
        ┌──┐
        │S4│────── 10秒タイマ ──( T10 )
        └──┘
  T10 ──┼──
        ┌──┐
        │S5│────── 右回転 ──( Y0 )
        └──┘
  X0 ───┼──
          ↓
         S0
```

図 5-37　ターンテーブルの SFC 図

```
LD   M80（イニシャルパルス）
SET  S0
LDX  10
SET  S1
STL  S1
OUT  Y0
LD   X2
SET  S2
STL  S2
OUT  T5
LD   T5
SET  S3
STL  S3
OUT  Y1
LD   X1
SET  S4
STL  S4
OUT  T10
LD   T10
SET  S5
STL  S5
OUT  Y0
LD   X0
OUT  S0
RET
END
```

図 5-38　命令語表現の例

ブル制御の SFC 図（図 5-37）を，命令語に書き替えた例です．専用ソフトウェアを用いると，SFC 図のみでプログラミングを行うこともできます．

　プログラムを実行するためには，イニシャルパルスをスタート条件にするのが一般的です．イニシャルパルスとは，電源投入時に短時間だけ ON になる信号のことです．また，プログラムの最後には RET（リターン）と END を書きます．実際に，プログラムを行う際は，使用する PLC のプログラミングマニュアル等でイニシャルパルスの使い方などを確認してください．

5-4 PLCによるロボットの制御例

(1) 制御対象のロボット

ここで紹介するロボットは，図5-39のようなアーム形ロボットの模型（fischertechnik 社製）です．模型といっても，アームの回転，上下，前後移動，ハンドの開閉の4関節を持っており，実際のロボットとまったく同じ構造をしています．実際のアーム形ロボットは，工場内で生産工程間の材料の移動や加工に使われています．今回のロボットの各関節は，1個の直流モータと2個のリミットスイッチで構成されています．

図5-40(a)は，アームの回転部分の原点を検出するリミットスイッチです．また，図5-40(b)は，モータと駆動ギアの回転量を検出するリミットスイッチです．モータが回転すると，リミットスイッチがON-OFFされパルス信号が得られます．このパルスの数をカウントすることで，ロボットの回転位置を制御する仕組みになっています．各関節の働きは回転や開閉などと異なっていますが，すべてPLCのプ

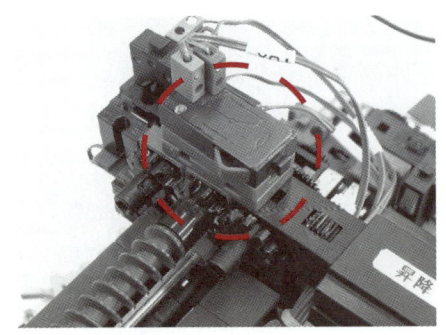

(a) 原点検出リミットスイッチ

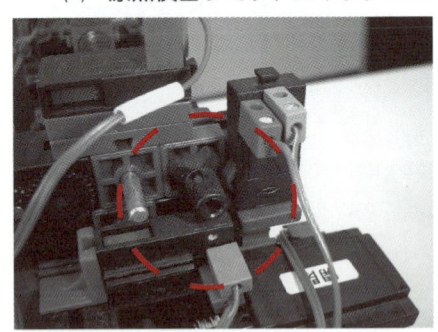

(b) モータと回転量検出リミットスイッチ

図5-40 ロボットの回転部

図5-39 アーム形ロボット
　　　　（fischertechnik 社製）

ログラムによって制御することができます．

(2) 使用する PLC の構成
(a) PLC の構成

制御に使用した PLC を図 5-41 に示します．ユニット構成ができる機種で，左から電源ユニット，CPU ユニット，光リンクユニット，接点入力ユニット，接点出力ユニット，DA 変換ユニットと配置しています．DA 変換とは，ディジタル-アナログ変換のことです．これまでのような接点出力ではなく，-10 V から +10 V までの直流電圧を出力させるために DA 変換ユニットを使用しています．

(b) 直流モータの制御方法

直流モータの制御は 3 章で説明しましたが，ここでは接点を用いず，加える電圧を変化させる方法を用います．今回のロボットに使用されているモータの定格は，直流 9 V です．そこで，DA 変換ユニットから -9 V から +9 V までの電圧を出力し，図 5-42 のアンプを通してモータを駆動します．今回使用する DA 変換ユニットは，4 系統のアナログ出力が可能で，ロボットの各関節のモータを駆動します．図 5-43 は，DA 変換ユニットから，アナログ電圧を出力しているようすです．

DA 変換ユニットを用いて直流モー

図 5-41　PLC（三菱電機㈱製）

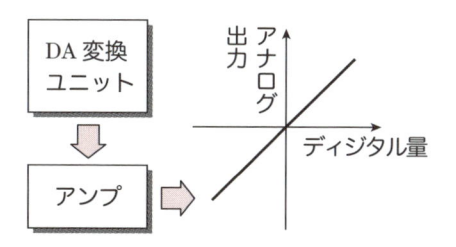

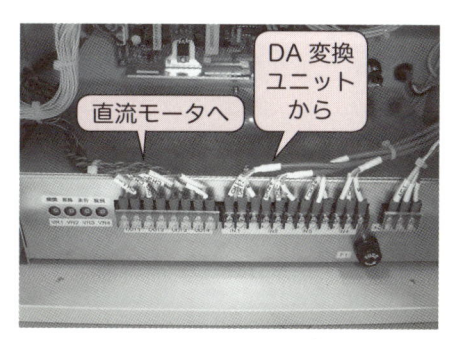

図 5-42　アンプ

図 5-43　アナログ出力の例

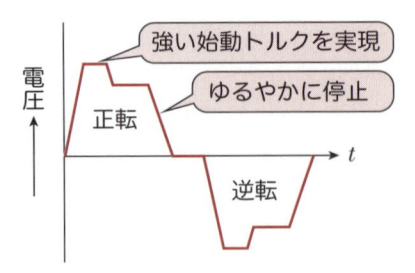

図 5-44 高度なモータ制御の例

タを制御すると，図 5-44 に示すように始動，停止，逆転を高度に制御することが可能になります．

(3) PLC のプログラミング

(a) PLC の設定

プログラムの例として，アームの回転を行ってみます．プログラミングに先立って必要なことは，ロボットに備えられたモータとリミットスイッチ，PLC ユニットがどこにつながっているかを明確にしておくことです．

PLC では，入力接点や出力リレーをアドレスで表します．アドレスとは，各スイッチなどの番号を示す住所のことで，割り当てはユーザが自由に行えます．図 5-45 は，各ユニットにアドレスを割り当てているようすです．今回の設定では，各スイッチなどのアドレスを次のように設定しました．

- 押しボタンスイッチ　　　　　　X0
- 原点検出リミットスイッチ　　　X1
- 回転量検出リミットスイッチ　　X2
- DA 変換ユニット　　0200 番地～

(b) プログラム

アーム部分に，次のような動作をさせるプログラムを作ってみます．

1. 押しボタンスイッチ X0 が押されると，モータが逆転する．
2. 原点検出リミットスイッチ X1 が ON になると，モータが 3 秒

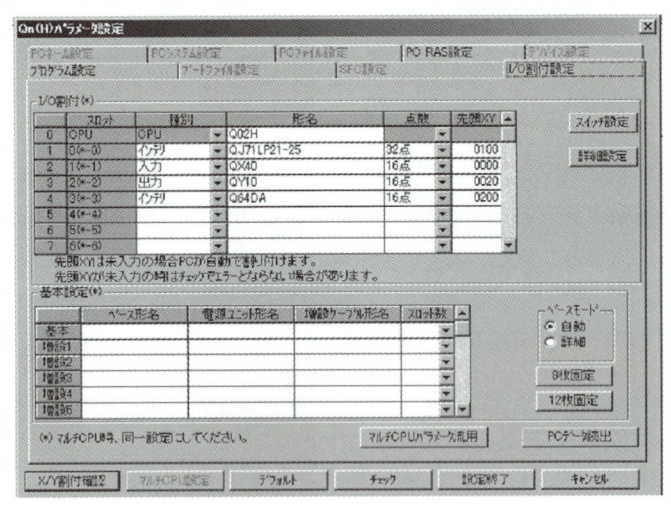

図 5-45 アドレス割り当てのようす

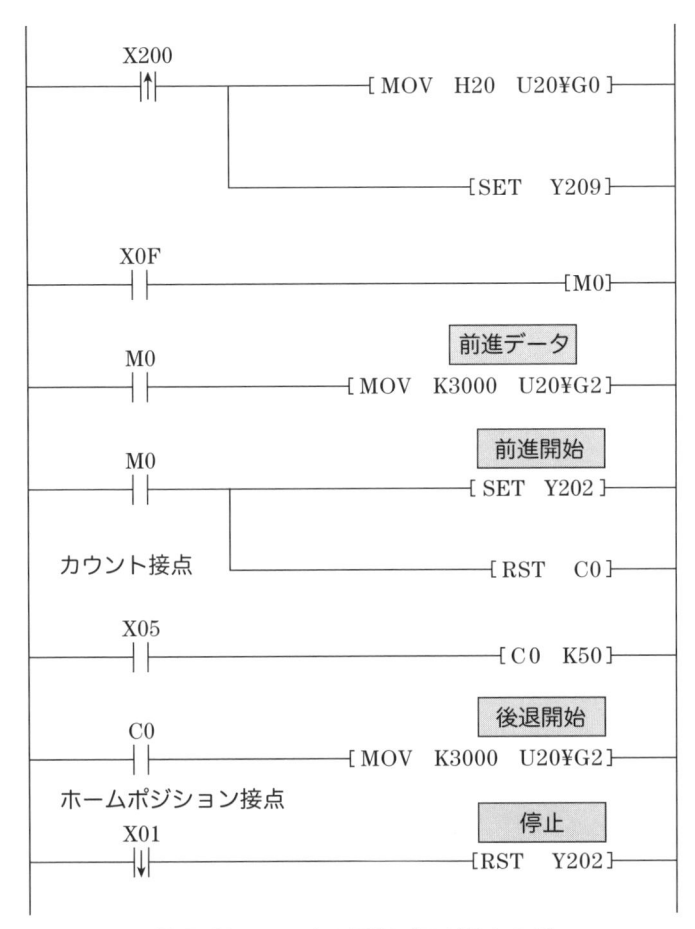

```
         X200
         ─↑─────────────────────────[MOV  H20   U20¥G0]─

                                    ─[SET    Y209]─

         X0F
         ─┤├─────────────────────────────────[M0]─

                                    前進データ
         M0
         ─┤├───────────────[MOV  K3000  U20¥G2]─

                                    前進開始
         M0
         ─┤├───────────────────────[SET  Y202]─

   カウント接点
                              ─────[RST  C0]─

         X05
         ─┤├──────────────────────────[C0  K50]─

                                    後退開始
         C0
         ─┤├───────────────[MOV  K3000  U20¥G2]─

   ホームポジション接点          停止
         X01
         ─↓├──────────────────────[RST  Y202]─
```

図 5-46 アームの回転プログラムの例

間停止する．

③ モータが正転する．

④ 回転量検出リミットスイッチ X2 からのパルス信号を計数し，パルス数が 50 になると 3 秒間停止する．

⑤ モータを逆転させ原点に復帰すると停止する．

以上の働きをするプログラム例を，図 5-46 に示します．プログラムの手法は人によって異なりますが，慣れるまでは一度紙に書いてみるとよいでしょう．DA 変換は，リレーシーケンスにはなかった機能なので，プログラムは少し分かりにくいかもしれませんが，シーケンス制御でもアナログ信号が扱える例として紹介しました．

図5-47 専用ソフトウェアによるプログラム例

(a) 原点　　　　　　　(b) 50カウントして停止した状態
図5-48 アーム形ロボットの動作

(c) **プログラムの実行**

　専用ソフトウェアを使ってプログラムを行った例を**図5-47**に示します．一度PLCに書き込まれたプログラムは，電源を切っても消えることがないため，コンピュータを接続しなくても実行することができます．**図5-48**にプログラムによってアーム形ロボットが作動したようすを示します．

5-5 PLCの進んだ機能

(1) PLCの通信機能

PLCがリレーシーケンスと異なる点は、コンピュータであるということです。言い換えれば、コンピュータにできることはPLCにもできるということになります。

現在のPLCに搭載されているCPU（中央処理装置）の処理能力は十分高く、様々な付加機能をサポートしています。その中で、最も特徴的なのは、通信機能です。通信機能とは、PLC同士でデータのやり取りをしたり、電話回線やインターネットを介した遠隔操作やメール送受信などを実現したりする機能です。これらの通信機能を持たせることで、これまでなかった便利な機能やサービスを提供できることになりました。

(2) PLC同士の通信機能

工場の中の生産ラインでは、複数のPLCがそれぞれの工程を受け持っています。また、それぞれの工程は互いに連携して生産活動を行っています。

そこで、PLC同士が情報を共有する仕組みが考えられました。その1つが光リンク通信です。そのためには、図5-49のような光リンクユニットを使用します。

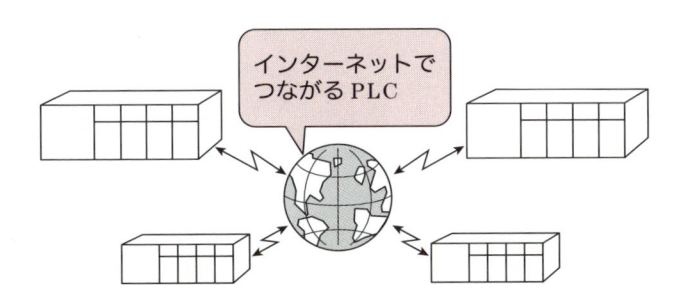

光リンクユニット間を接続するには、図5-50に示した光ファイバケーブルを使用します。光通信は、電線を用いた通信と異なり、光で情報を伝達しますので、工場内で発生する電気的な雑音の影響を受けることがありません。光リンクでデータ通信を行いながら制御を進めると、生産情報やエラー情報などをリアルタイムで共有することができます。例えば、ある工程でエラーが生じた場合、全工程を停止し不良品の発生を最小限に抑えることが

図 5-49　光リンクユニットの例

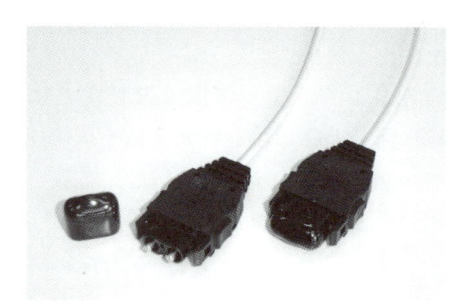

図 5-50　光ファイバケーブルの例

(a)　接続例

(b)　データの受け渡し

図 5-51　光リンクの仕組み

モニタもできるョ！

できます．光リンク通信は，**図 5-51**(a)のように，環状につながれた PLC ネットワーク間で，データをバケツリレー式に受け渡していきます．データは，図 5-51(b)のように各 PLC が自由に読み書きできるようになっています．

例えば，図 5-51(b)のように，PLC-A が，スイッチ X0 が押されたことをデータとして書き込めば，PLC-B がその情報を受け取ることができます．もし，その情報が緊急停止を意味すれば，す

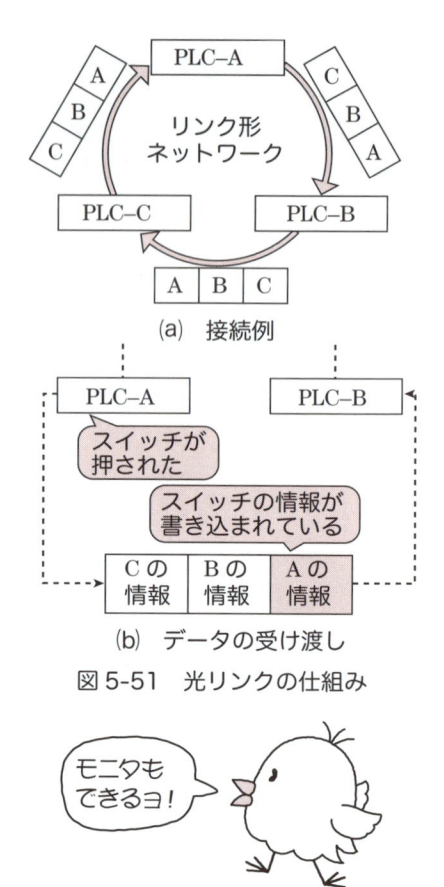

べての PLC は制御を安全に停止することができます．

図 5-52(a)は，実際に 2 台の PLC を光リンクで接続したようすです．一方のスイッチが押されたら，他方のランプが点灯するプログラムを実行しています．また，同図(b)は PLC 間の接点情報をモニタしているようすです．

(3) ネットワークを介した制御

現在，会社や組織のコンピュータのほとんどは，LAN（Local Area

(a) 光リンクで接続したPLC

(b) 接点情報をモニタしているようす
図 5-52 光リンクの例

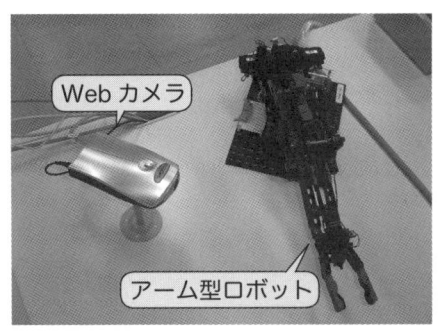

(a) ロボットとWebカメラ

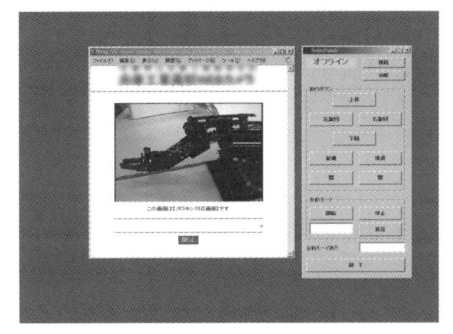

(b) 画像を見ながら操作しているようす
図 5-53 ロボットの遠隔操作の例

Network：ラン）というネットワークで互いに接続されています．また，LANはインターネットに接続され，地球規模の通信網を構成しています．

インターネットは，私たちの暮らしに大きな変化をもたらしました．ありとあらゆる情報が，瞬時に世界中を駆け巡り，時間や距離の差をなくしてしまいました．インターネットを用いると，ホームページの閲覧だけでなく，メールやテレビ電話を利用することもできます．

PLCにはインターネット接続に対応した通信機能が備わったものがあり，様々な利用がなされています．ここでは，その一例としてネットワークを介した遠隔操作を紹介します．

図 5-53(a)は，ロボットとWebカメラです．同図(b)は，離れた場所にあるコンピュータから，画像を見ながらPLCを介してロボットを操作しているようすです．どちらもLANに接続されており，世界中のどこからでも，このロボットを操作することができます．今後も，インターネットを利用した様々なサービスや新技術が提供され

5-5 PLCの進んだ機能

ることは確実です．

(4) 通信機能の活用

PLCに通信機能を持たせることで，これまで不可能であったサービスの実現が可能になりました．例えば，私たちが毎日のように利用しているエレベータやエスカレータなどは，定期的な点検が義務付けられています．

しかし，メーカのサービス部門の立場から考えると，法律で義務付けられた点検をこなすだけではなく，障害の発生を未然に防ぐ姿勢が求められます．そのために，サービス担当者ができるだけ頻繁に現場を訪ね，機器の状態を把握するように努めています．

もし，顧客の機器をリアルタイムで監視できれば，障害の発生前に修理を行うことが可能になります．これは，究極の顧客サービスであり，他社との差別化を図り顧客獲得の強力な武器になります．このようなサービスを，リモートメンテナンスといいます．リモートメンテナンスには，次のような利点があります．

① 顧客に対し，常に監視してもらっているという安心感を与える．
② 現場に出向く時間と，コストを低減できる．
③ 障害発生をリアルタイムで把握でき，迅速な対応ができる．
④ 万が一，障害が発生した場合も，機器の運転情報や障害情報を正確に把握でき，適切な対応が可能である．
⑤ メンテナンス時期をあらかじめ予測でき，顧客の営業時間に影響を与えず，作業を済ませることが可能である．
⑥ 緊急時には，携帯電話などに障害情報を発信でき，迅速な対応が可能である．

PLCにとって，インターネットは通信するための重要な手段であり，さらに便利なサービスが実現されていくことでしょう．

章末問題

1 次の①から⑩に示す機器について，PLC の入力に接続する機器と，出力に接続する機器に分類し番号で答えなさい．
① リミットスイッチ　② ブザー　③ 小型リレー
④ 光電スイッチ　⑤ サーマルリレー　⑥ 押しボタンスイッチ
⑦ 表示ランプ　⑧ 電磁接触器　⑨ フロートスイッチ
⑩ 赤外線スイッチ

2 PLC に関する次の記述のうち，誤った記述の番号とその理由を答えなさい．
① PLC は工業用の制御を行う装置で，内部は多数の電磁リレーのみで構成されている．
② PLC の内部には，タイマやカウンタ機能が内蔵されていて，特殊な用途を除いて外部に用意する必要がない．
③ PLC は，出力リレーを内蔵しているので，大きな電流を必要とする機器でも，直接駆動することができる．
④ 自動販売機などで，販売する商品の価格を変更する場合は，リレーシーケンスの方が単純で変更しやすい．

3 図 5-54 のような回路形式のプログラムがある．このプログラムを，命令語形式に書換えなさい．

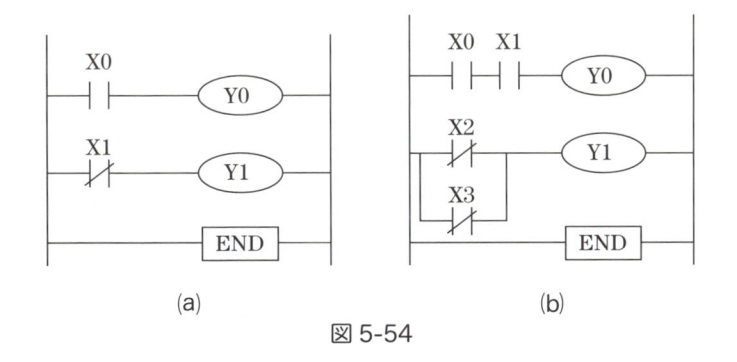

図 5-54

4 図 5-55(a)のように，PLC の入力と出力にそれぞれ 2 個の押しボタンスイッチと表示ランプを接続した．図 5-55(b)のタイムチャートのような働きをするプログラムを作成しなさい．

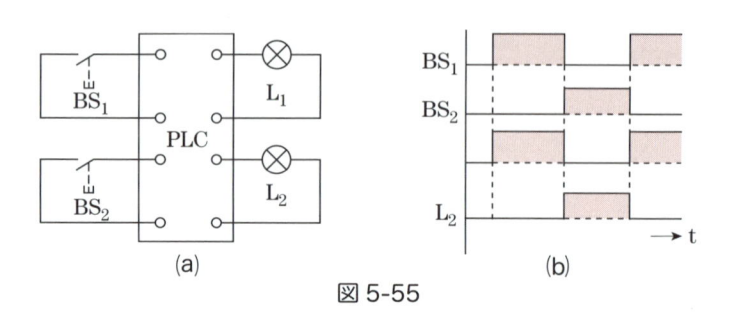

図 5-55

5 次の命令語によるプログラムを回路形式のプログラムに書換えなさい．

LD	X0	OUT	Y1
OUT	Y0	END	
OUT	T0		
LD	T0		

6 次のようなベルトコンベアの動作を SFC 図として表しなさい．ただし，ステートは S0 から始まるものとする．
　① スタートボタン BS を押すと，出力リレー Y0 とタイマ T0 によりベルトコンベアが 5 秒間前進する．
　② 出力リレー Y1 とタイマ T1 により，5 秒間後退する．
　③ タイマ T2 により 2 秒間停止する．
　④ リレー Y0 とタイマ T3 により 10 秒間前進する．
　⑤ リレー Y1 とタイマ T4 により 10 秒間後退し停止する．

7 PLC には，アナログ入出力機能を持ったものがある．アナログ入出力を利用して実現できる制御の具体例をあげなさい．

8 PLC には，高度な通信機能を持つものがある．交通信号を制御する場合，PLC の通信機能を利用して実現できる具体的な例をあげなさい．

章末問題の解答

<章末問題 1 の解答>

1 ① ③ ④

2 $R = \dfrac{V}{I}$ より， $R = \dfrac{8}{0.16} = 50\,[\Omega]$

3 ① $I = \dfrac{V}{R}$ より， $I = \dfrac{12}{4} = 3\,[\text{A}]$

② $P = I^2 R$ より， $P = 3^2 \times 4 = 36\,[\text{W}]$

③ $R = \dfrac{V}{I}$ より， $R = \dfrac{12}{5} = 2.4\,[\Omega]$

$P = I^2 R$ より， $P = 5^2 \times 2.4 = 60\,[\text{W}]$

4 最も抵抗の小さいもの…①，最も抵抗の大きなもの…④

5 $P = VI$ より， $I = \dfrac{P}{V} = \dfrac{1000}{100} = 10\,[\text{A}]$

$R = \dfrac{V}{I}$ より， $R = \dfrac{100}{10} = 10\,[\Omega]$

6 $P = \dfrac{V^2}{R}$ より， $P = \dfrac{200^2}{16} = 2500\,[\text{W}]$

$W = Pt$ より， $W = 2.5 \times 12 = 30\,[\text{kW}\cdot\text{h}]$

<章末問題 2 の解答>

1 電球などランプ類のフィラメントは，消灯時に低い抵抗値を示す．そのため，電源を ON にしたとき，瞬間的に大きな電流が流れる．

2 $P = VI$ より， $100 \times 1.2 = 120\,[\text{W}]$

3 ③が誤り．リレーの接点が作動するには，数十 ms の時間が必要である．特に多数の接点を組み合わせる場合は，時間遅れに対する考慮が必要である．

4

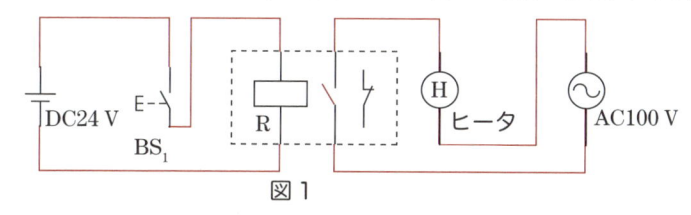

図1

5

図2

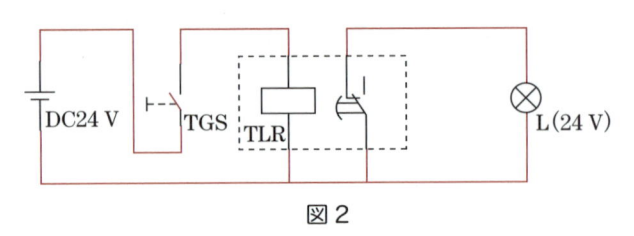

6 ①-(f)または(e)， ②-(a)， ③-(g)， ④-(c)， ⑤-(b)

7
- フロートスイッチ……リードスイッチ
- 磁気スイッチ…………ホール素子
- 人検出スイッチ………焦電形赤外線スイッチ
- 光電スイッチ…………赤外発光ダイオード
- サーモスタット………バイメタル
- 圧力スイッチ…………ダイアフラムスイッチ

8

図3

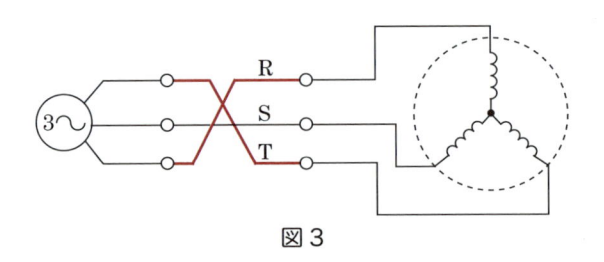

＜章末問題3の解答＞

1 (a)の真理値表 〔$L = A \cdot (B + C)$〕

スイッチ			ランプ
A	B	C	L
0	0	0	0
0	0	1	0
0	1	0	0
0	1	1	0
1	0	0	0
1	0	1	1
1	1	0	1
1	1	1	1

(b)の真理値表 〔$L = A + (\overline{B} \cdot C)$〕

スイッチ			ランプ
A	B	C	L
0	0	0	0
0	0	1	1
0	1	0	0
0	1	1	0
1	0	0	1
1	0	1	1
1	1	0	1
1	1	1	1

2 (a)の真理値表から導出される論理式とシーケンス図

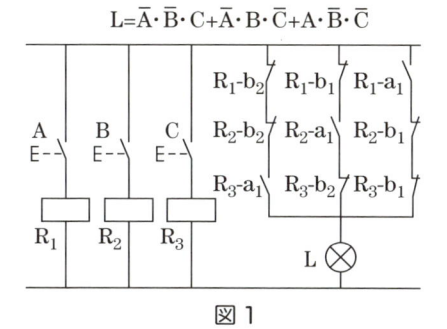

$$L = \bar{A} \cdot \bar{B} \cdot C + \bar{A} \cdot B \cdot \bar{C} + A \cdot \bar{B} \cdot \bar{C}$$

図1

(b)の真理値表から導出される論理式とシーケンス図

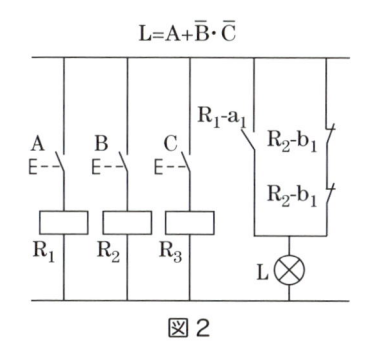

$$L = A + \bar{B} \cdot \bar{C}$$

図2

3 ① 開始条件…最低運賃以上の金額が投入され，目的地のボタンが押されること．
   成立条件…投入されている金額が，目的地までの運賃以上であること．
② 開始条件…行き先ボタンが押されていること．
   成立条件…かご室が正しい位置に停止していること．
③ 開始条件…切符や定期券などが挿入されたこと．
   成立条件…正規運賃の切符であることや，定期券の内容が乗車区間と矛盾しないこと．

4

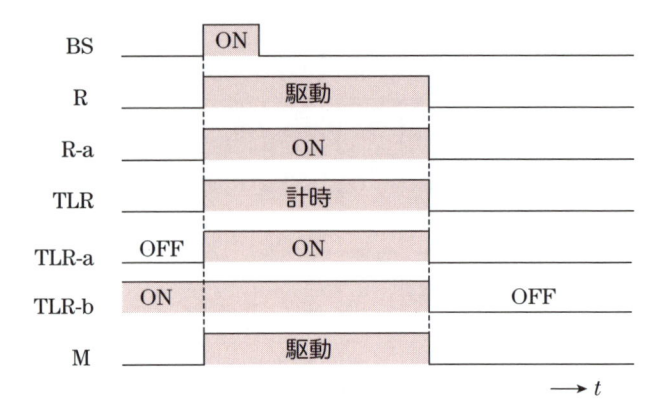

BS		ON
R		駆動
R-a		ON
TLR		計時
TLR-a	OFF	ON
TLR-b	ON	OFF
M		駆動

→ t

図3

5

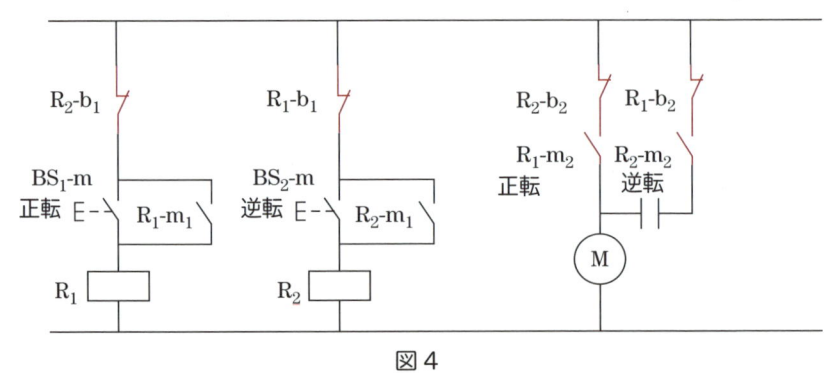

図4

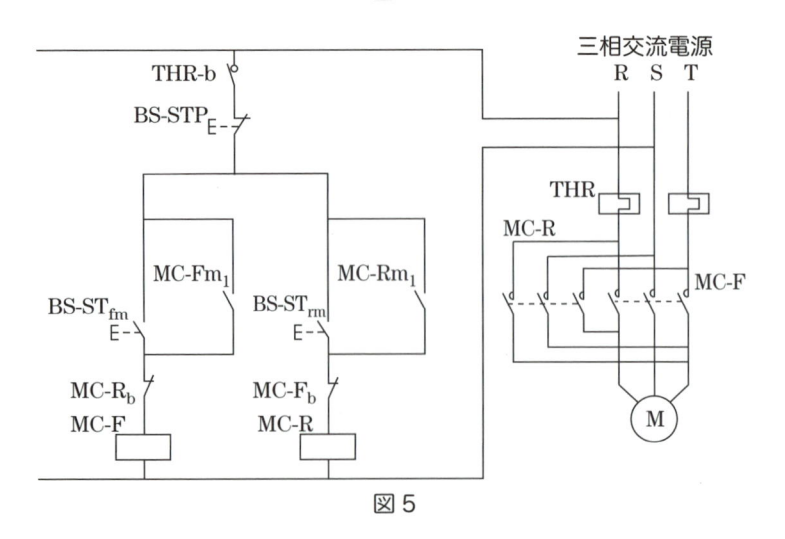

6

図5

204　　　　　　　　　　　　　　　　■ 章末問題の解答 ■

<章末問題 4 の解答>

1

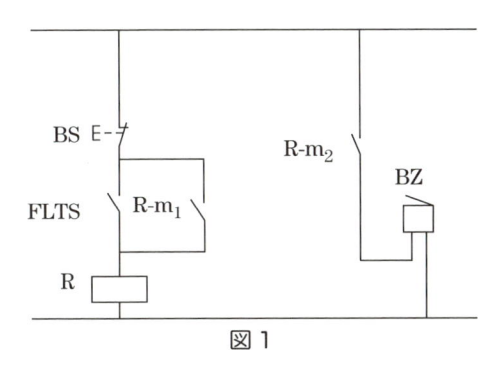

図1

・フロートスイッチを自己保持しない場合の不都合…水面が上下した場合，ブザーの動作が断続的になる．

2 ①

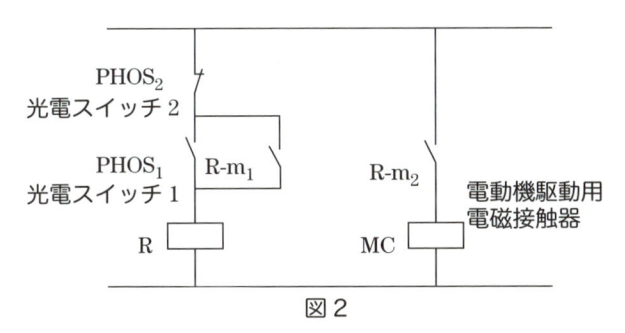

図2

② 複数の乗客がある場合，全員が昇り終えないうちに停止する可能性がある．

③

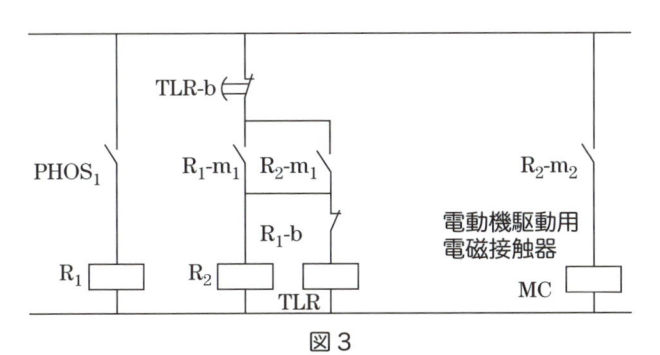

図3

3

図 4

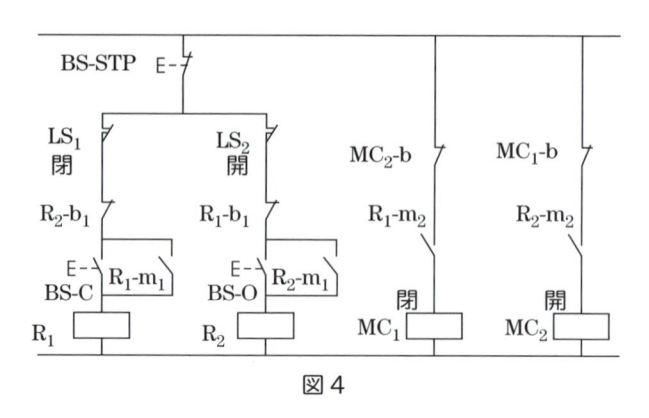

4

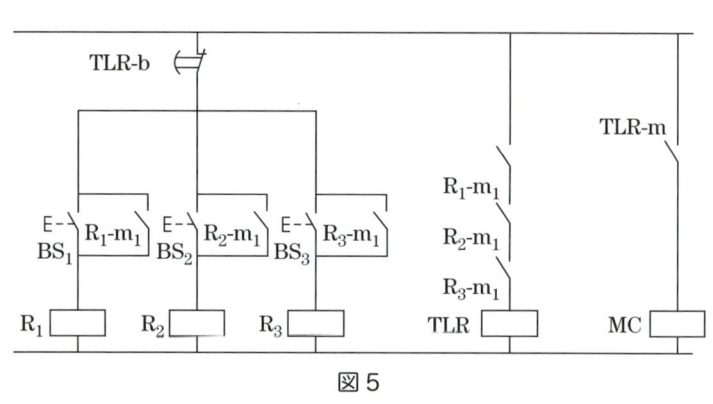

図 5

<章末問題 5 の解答>

1
- 入力に接続する機器…①④⑥⑨⑩
- 出力に接続する機器…②③⑤⑦⑧

2　①　(理由) PLC 内部は，コンピュータと同じで，プログラムによって処理を行っているため．

　　③　(理由) 内蔵している出力リレーの電流容量には限界があり，大電流の開閉には，別のリレーを介して行う必要があるため．

　　④　(理由) プログラムを変更する場合，リレーシーケンスでは配線そのものを変更する必要があるが，PLC の場合は，プログラムの変更のみで対応可能であるため．

3 (a)
```
LD   X0
OUT  Y0
LDI  X1
OUT  Y1
END
```

(b)
```
LD   X0
AND  X1
OUT  Y0
LDI  X2
ORI  X3
OUT  Y1
END
```

4 ① 回路形式

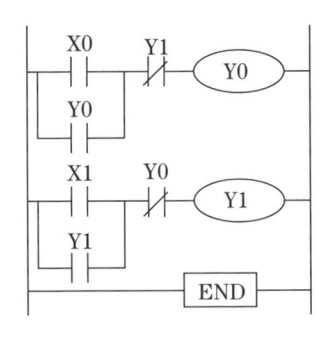

```
 X0    Y1
─┤├──┬─┤/├──( Y0 )─
 Y0  │
─┤├──┘
 X1    Y0
─┤├──┬─┤/├──( Y1 )─
 Y1  │
─┤├──┘
           ─[ END ]─
```

② 命令語形式
```
LD    X0
OR    Y0
ANDI  Y1
OUT   Y0
LD    X1
OR    Y1
ANDI  Y0
OUT   Y1
END
```

5

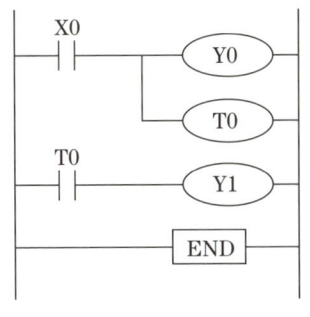

```
 X0
─┤├──┬──( Y0 )─
     │
     └──( T0 )─
 T0
─┤├─────( Y1 )─
        ─[ END ]─
```

図2

6

```
            ┌─────┐
            │ S0  │
   X0       └──┬──┘
    ├── スタートボタン
            ┌──┴──┐       ┌────┐
            │ S1  │───────│ Y0 │ 前進
            └──┬──┘       └────┘
               │          ┌────┐
   T0          │          │ T0 │ 5秒タイマ
    ├── タイマ └──────────└────┘
            ┌──┴──┐       ┌────┐
            │ S2  │───────│ Y1 │ 後退
            └──┬──┘       └────┘
               │          ┌────┐
   T1          │          │ T1 │ 5秒タイマ
    ├── タイマ └──────────└────┘
            ┌──┴──┐       ┌────┐
            │ S3  │───────│ T2 │ 2秒タイマ
            └──┬──┘       └────┘
   T2          │
    ├── タイマ
            ┌──┴──┐       ┌────┐
            │ S4  │───────│ Y0 │ 前進
            └──┬──┘       └────┘
               │          ┌────┐
   T3          │          │ T3 │ 10秒タイマ
    ├── タイマ └──────────└────┘
            ┌──┴──┐       ┌────┐
            │ S5  │───────│ Y1 │ 後退
            └──┬──┘       └────┘
               │          ┌────┐
   T4          │          │ T4 │ 10秒タイマ
    ├── タイマ └──────────└────┘
               ▼
              S0
```

図3

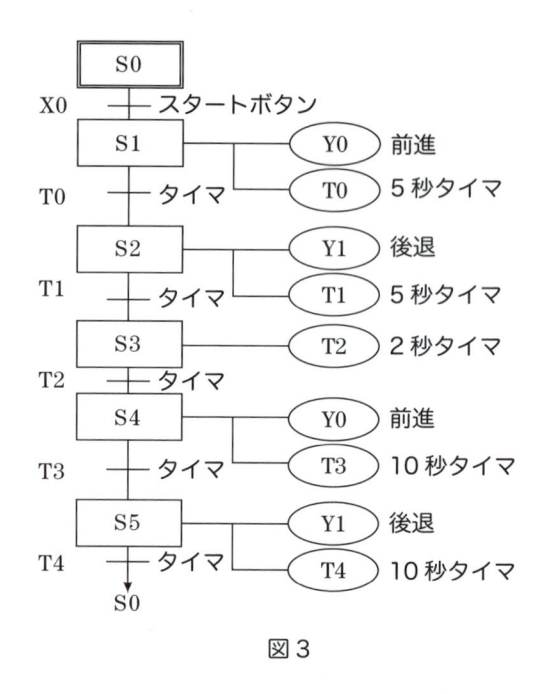

7 アナログ入力を用いると，センサを直接 PLC に接続することができる．また，アナログ出力を用いると，電動機の回転数を連続的に変化させることができる．両者を組み合わせて，エアコンの連続制御などが可能になる．

8 隣り合う交差点の信号が独立したタイミングで動作していると，交通渋滞の原因になる．そこで，連続する交差点の信号機に通信機能を持たせ，制限速度で次の交差点に到着するのに必要な時間だけ動作を遅らせておけば，赤信号で停止する回数を少なくすることができる．また，一定時間に通過する車の量を計数する機能と組み合わせれば，交差する信号の動作時間を最適値に保つことも可能である．

＜参考文献＞

1. 社団法人　日本電機工業会：日本電機工業会規格　JEM1115　配電盤・制御盤・制御装置の用語及び文字記号
2. 三菱電機株式会社：FX1S，FX1N，FX2N，FX1NC，FX2NC プログラミングマニュアル　基本命令，ステップラダー命令，応用命令解説書
3. 三菱電機株式会社：オペレーションマニュアル　FX-PCS/WIN
4. 三菱電機株式会社：三菱シーケンサ　スクールテキスト
5. 制御基礎講座1：プログラム学習によるリレーシーケンス制御，松下電器産業株式会社　製造・技術研修所
6. 青木正夫：はじめて学ぶシーケンス制御回路のしくみ（上），技術評論社
7. 青木正夫：はじめて学ぶシーケンス制御回路のしくみ（下），技術評論社
8. 大浜庄司：図解でわかるシーケンス制御，日本実業出版社
9. 片岡徳昌：記号・図記号ハンドブック，日本理工出版会
10. 片岡徳昌：電子・電気製図法，日本理工出版会
11. 熊谷英樹：ゼロからはじめるシーケンス制御，日刊工業新聞社
12. 熊谷英樹：必携シーケンス制御プログラム定石集，日刊工業新聞社
13. 小池敏男他：最新電気製図，実教出版
14. 谷腰欣司：小形モータとその使い方，日刊工業新聞社
15. 藤瀧和弘：よくわかるシーケンス制御の基本と仕組み，秀和システム
16. 望月傳：図解でわかるシーケンス制御の基本，技術評論社
17. 山本英正他：電気・電子工学シリーズ　電気機器，朝倉書店

索　引

<英字>

AC	15
AND 回路	82
a 接点	26
b 接点	27
DA 変換	191
DC	15
Exclusive-OR 回路	88
Hz	15
NAND 回路	85
NOR 回路	87
NOT 回路	84
OR 回路	83
PC	170
PLC	170
SFC	182
SFC 図	183
SFC 図記号	184
SFC フロー	184
SSR	73
Y-Δ 始動	77
Y-Δ 始動回路	115

<あ>

アクチュエータ	75
圧力スイッチ	64
アドレス	192
安全ブレーカ	75
アンプ	60

<い>

イニシャルパルス	189
インタフェース	170
インタロック回路	98

<え>

エレベータ	154
遠隔操作	197
演算装置	170

<お>

オームの法則	20
オフディレー動作	55
オンディレー動作	54
温度係数	67
温度スイッチ	65, 66

<か>

開始条件	93
開始入力接点	56
開始優先自己保持回路	95
開閉器	26
回路	178
回路形式	175
回路番号参照方式	47
カウンタ	73
過渡現象	33
ガラス管ヒューズ	74

<き>

記憶装置	170
機械式	50
機器を表す文字記号	46
給湯器	149
近接スイッチ	61

<く>

区分 ……………………………… 48
区分参照方式 ………………… 48
繰り返しフロー ……………… 184

<け>

継電器コイルの図記号 ……… 42
ゲート入力接点 ……………… 57
限時接点 ………………………… 50
限時接点の図記号 …………… 50
限時動作 ………………………… 50

<こ>

高機能タイマ ………………… 56
降車ボタン …………………… 127
光電スイッチ ………………… 59
交流 ……………………………… 15
合流 …………………………… 185
交流リレー …………………… 40

<さ>

サーミスタ …………………… 67
サーモスタット ……………… 65
裁断機 ………………………… 139
三相交流 ……………………… 17
三相交流電動機 ……………… 77

<し>

シーケンス ………………… 4, 172
シーケンス図 ………………… 28
シーケンス制御 …………… 3, 4, 6
シーケンスプログラム …… 174
時間監視回路 ……………… 104
磁気スイッチ ………………… 68
仕事量 ………………………… 21
自己保持回路 ………………… 94
自己誘導作用 ………………… 39

始動回路 …………………… 113
自動給水装置 ……………… 145
自動ドア …………………… 160
周波数 …………………………… 15
出力インタフェース ……… 170
順次始動回路 ……………… 106
瞬時接点 ……………………… 50
瞬時動作 ……………………… 50
常時開路接点 ………………… 26
常時閉路接点 ………………… 27
焦電形赤外線スイッチ ……… 70
焦電形赤外線センサ ………… 69
シングルフロー …………… 184
信号機 ……………………… 131
真理値表 ………… 83, 84, 85, 86, 87, 89

<す>

スイッチ …………………… 26, 59
スイッチの図記号 …………… 30
図記号の配置 ………………… 44
スターデルタ始動 …………… 77
スタート入力接点 …………… 56
ステート …………………… 182
ステップラダー図 ………… 179
ストップ入力接点 …………… 57
スナップスイッチ …………… 28

<せ>

正逆転回路 ………… 110, 111, 118
制御 ………………………… 2, 44
制御装置 …………………… 170
制御対象 …………………… 124
静止形リレー ………………… 73
静電容量式近接スイッチ …… 61
成立条件 ……………………… 93
ゼーベック効果 ……………… 68
絶縁抵抗 ……………………… 35
接触抵抗 ……………………… 35

接点部	39
セレクタスイッチ	28
ゼロクロス動作	73
栓形ヒューズ	74
センサ	59

<そ>

操作コイル部	38
測温抵抗体	66
ソリッドステートリレー	73

<た>

耐電圧	35
タイマ	50
タイムチャート	52
端子記号	46
端子番号	46
単相交流電動機	76
単相三線式	18

<ち>

直流	15
直流直巻電動機	75
直流電動機	75
直流電動機の運転回路	108
直流分巻電動機	75
直流リレー	39

<つ>

通信機能	195

<て>

抵抗負荷	30
停止条件	93
ディジタル方式	51
停止入力接点	57
停止優先自己保持回路	95
電気回路	20

電気抵抗	22
電源	19, 44
電磁継電器	37
電子式	51
電磁接触器	41
電動機負荷	33
電力	21
電力量	21

<と>

動作時間	39
動作や機能を表す文字記号	45
トグルスイッチ	28
突入電流	33
飛び越しフロー	185
ド・モルガンの定理	91
トリップ	75

<な>

内部リレー	172

<に>

入力インタフェース	170

<ね>

熱電対	68

<は>

配線	19
排他的論理和回路	88
バイメタル	65
パルス変換	186
判定装置	134

<ひ>

非オーバラップ切替接点	118
光リンク通信	195
非常ボタン	29

否定論理積回路……………………… 85
否定論理和回路……………………… 87
ヒューズ……………………………… 74

<ふ>

フィードバック制御………………… 3
フェールセーフ……………………… 106
負荷…………………………………… 19
ブザー………………………………… 72
復帰時間……………………………… 39
フリッカ回路………………………… 101
フリッカ動作………………………… 57
プリント基板用マイクロリレー… 41
ブレーク接点………………………… 27
フレネルレンズ……………………… 70
フロートスイッチ………………… 63, 145
プログラマブルコントローラ…… 168
プログラミング………………… 175, 178
分岐…………………………………… 185

<へ>

ベル…………………………………… 72

<ほ>

ホール効果…………………………… 68
ホール素子…………………………… 68
保護回路……………………………… 39
補助リレー…………………………… 178
ホトトランジスタ…………………… 60

<ま>

マイクロスイッチ…………………… 29

<め>

命令…………………………………… 175
命令語………………………………… 175
メーク接点…………………………… 26

<も>

文字記号……………………………… 45

<ゆ>

誘導コイル式近接スイッチ……… 62
誘導性負荷…………………………… 33

<ら>

ランプ………………………………… 72

<り>

リセット操作………………………… 56
リセット入力接点…………………… 56
リバーシブルモータ………………… 113
リミットスイッチ…………………… 29
リモートメンテナンス……………… 198
リモコン……………………………… 2
リレー…………………………… 37, 172
リレーの図記号……………………… 41

<ろ>

ロボット……………………………… 190
論理演算……………………………… 82
論理演算の基本定理………………… 91
論理回路…………………………… 82, 90
論理式……………………… 83, 84, 85, 86, 87, 89
論理積回路…………………………… 82
論理否定回路………………………… 84
論理和回路…………………………… 83

わ

ワンショット回路…………………… 99
ワンショット動作…………………… 58

―― 監修者略歴 ――

堀　桂太郎（ほり　けいたろう）
学歴　日本大学大学院　理工学研究科　博士後
　　　期課程　情報科学専攻修了　博士（工学）
現在　国立明石工業高等専門学校　電気情報工
　　　学科　教授
＜主な著書＞
図解VHDL実習（森北出版）
図解PICマイコン実習（森北出版）
H8マイコン入門（東京電機大学出版局）
ディジタル電子回路の基礎（東京電機大学出版局）
アナログ電子回路の基礎（東京電機大学出版局）
オペアンプの基礎マスター（電気書院）
PSpiceで学ぶ電子回路設計入門（電気書院）
よくわかる電子回路の基礎（電気書院）
など多数

―― 著者略歴 ――

田中　伸幸（たなか　のぶゆき）
学歴　大阪電気通信大学　工学部電子工学科
　　　卒業
職歴　富士通株式会社
現在　兵庫県立兵庫工業高等学校　電子工学科
　　　教諭
＜主な著書＞
電子回路概論（実教出版）　共著

©Nobuyuki Tanaka 2009

基礎マスターシリーズ
シーケンス制御の基礎マスター

2009年　5月25日　第1版第1刷発行
2018年　7月　6日　第1版第2刷発行

監修者　堀　　桂　太　郎
著　者　田　中　伸　幸
発行者　田　中　久　喜

発　行　所
株式会社　電気書院
ホームページ　www.denkishoin.co.jp
（振替口座　00190-5-18837）
〒101-0051　東京都千代田区神田神保町1-3 ミヤタビル2F
電話（03）5259-9160／FAX（03）5259-9162

印刷　株式会社シナノ パブリッシング プレス
Printed in Japan／ISBN 978-4-485-61008-4

- 落丁・乱丁の際は、送料弊社負担にてお取り替えいたします。
- 正誤のお問合せにつきましては、書名・版刷を明記の上、編集部宛に郵送・FAX（03-5259-9162）いただくか、当社ホームページの「お問い合わせ」をご利用ください。電話での質問はお受けできません。

JCOPY 〈出版者著作権管理機構　委託出版物〉

本書の無断複写（電子化含む）は著作権法上での例外を除き禁じられています。複写される場合は、そのつど事前に、出版者著作権管理機構（電話：03-3513-6969、FAX：03-3513-6979、e-mail：info@jcopy.or.jp）の許諾を得てください。また本書を代行業者等の第三者に依頼してスキャンやデジタル化することは、たとえ個人や家庭内での利用であっても一切認められません。

書籍の正誤について

万一，内容に誤りと思われる箇所がございましたら，以下の方法でご確認いただきますようお願いいたします．

なお，正誤のお問合せ以外の書籍の内容に関する解説や受験指導などは**行っておりません**．このようなお問合せにつきましては，お答えいたしかねますので，予めご了承ください．

正誤表の確認方法

最新の正誤表は，弊社Webページに掲載しております．「キーワード検索」などを用いて，書籍詳細ページをご覧ください．

正誤表があるものに関しましては，書影の下の方に正誤表をダウンロードできるリンクが表示されます．表示されないものに関しましては，正誤表がございません．

弊社Webページアドレス
http://www.denkishoin.co.jp/

正誤のお問合せ方法

正誤表がない場合，あるいは当該箇所が掲載されていない場合は，書名，版刷，発行年月日，お客様のお名前，ご連絡先を明記の上，具体的な記載場所とお問合せの内容を添えて，下記のいずれかの方法でお問合せください．
回答まで，時間がかかる場合もございますので，予めご了承ください．

郵便で問い合わせる
郵送先
〒101-0051
東京都千代田区神田神保町1-3
ミヤタビル2F
㈱電気書院　出版部　正誤問合せ係

FAXで問い合わせる
ファクス番号　**03-5259-9162**

ネットで問い合わせる
弊社Webページ右上の「**お問い合わせ**」から
http://www.denkishoin.co.jp/

お電話でのお問合せは，承れません

（2017年8月現在）